1日5分！

オトナのための算数・数学やりなおしドリル

桜井 進
Susumu Sakurai

宝島社

「1日5分! オトナのための算数・数学やりなおしドリル」が

「もう一度やりなおしたい」に応える!

30日間で小中高の算数・数学をしっかり復習

「もう一度算数・数学をやりなおしたい」という思いに応え、テレビ・新聞・雑誌など多くのメディアでおなじみの桜井進氏が、小中高の算数・数学をレクチャー。分かりやすい解説とドリルで、小学校の算数から高校の数学まで30日間で総復習できます。

簡潔な説明だから分かりやすい!

重要な公式と計算に的を絞った学習法

あまりにも範囲の広い小中高の勉強範囲。「やりなおしたいけれど、何から始めていいのか分からない」「覚えることが多すぎて…」という心配はいりません。本書は1日に1つの単元で、重要な公式と計算のみに的を絞っておさらいするので、誰でも効率よく復習できます。

すごい3つの理由

3

無理なく続いてしっかり身につく！

1日5分で無理なく継続 30日間のドリル方式

ほんとうの数学力を身につけ、脳をイキイキとさせるには、毎日の継続が大切。本書は1日5分と無理のない問題量で、楽しみながら続けることができます。また、30日間のドリルに加え、小中高のまとめテストも収めてあるので、解き応えもバツグンです！

やりなおすには
まだ遅くありません！
自分のペースで
学んでいきましょう！

はじめに

「学校で習った算数・数学を もう一度勉強しなおしたい！」

本書は、そんな思いを抱く読者の方たちにむけて執筆しました。
学生時代、算数・数学は
「我慢して勉強する教科」のひとつだったかもしれません。

ところが、学校を卒業して時が経つにつれて
数学の必要性や重要性に気がつきます。
数学による恩恵は、自動車や携帯電話といった身の回りの品から、音楽や建築、芸術の分野に至るまで、我々の生活を支えています。

また数学的な思考法を身につけ、数学から世の中を眺めなおすことは、仕事や人生の視野を広げることにも繋がります。

学校を卒業してはじめて見えてくる風景。
そこから再出発できることはオトナの特権です。

「あの時、数学をきちんと勉強しておけばよかった！」
「もう一度教科書を手にとり、算数・数学をやりなおしたい！」と考えるアナタを応援させていただくために、私は本書を執筆しました。

勉強の面白さのひとつに**「1冊を仕上げる喜び」**があります。
はじめから最後まで、自分の手でページを埋めていく達成感。
そんな、「達成感に満ちた算数・数学の本を作ろう」と考えました。
1ヵ月で1冊を終わらせることができるように、
小中高の勉強内容を1日1単元、**30日間のドリル**にまとめました。

本書は**算数・数学の本質と大まかな流れを理解すること**が目標です。
たし算から積分まで、**とにかく計算できるようになる**ための
テクニックやメソッドを紹介しています。

読者の皆さんには計算を通して**自分の頭で理解し、自分の手で計算をすることの楽しさと喜びを味わっていただきたい**と思います。

小学校の算数から高校の数学まで、
自分のペースでゆっくりと、しかし確実に
進んでいってほしいと思います。
そこで生まれる自信と、身についた実力〜計算力〜は、
あなたの脳をイキイキとさせ、日々の生活の原動力となるでしょう。

サイエンスナビゲーター　桜井 進

c o n t e n t s

第1章 小学校の算数

第2章 中学校の数学

第3章 高校の数学

第4章 まとめテスト

本書の使い方

全体の流れ

解説 1日1単元、30日間で 小中高の算数・数学をおさらい

最初はたし算・ひき算から、最後には微分・積分までを30日間で復習します。解き方や例題を見ながら、忘れていた公式や計算方法をおさらいしましょう。

ドリル その日のうちに復習！ ドリルでしっかり実力をつける

ドリルは基本問題と応用問題からできています。問題を解くスピードは合計5分が目標。ドリルを解いたら成績一覧表 p142 に合計点とタイムを記入しましょう。

まとめ 小中高のまとめテストで 苦手なところをチェック

第4章では、小中高のまとめテストで力試し！　各章の復習を兼ねて、30日間で身につけた実力をチェックしましょう。間違えた単元はもう一度復習しましょう。

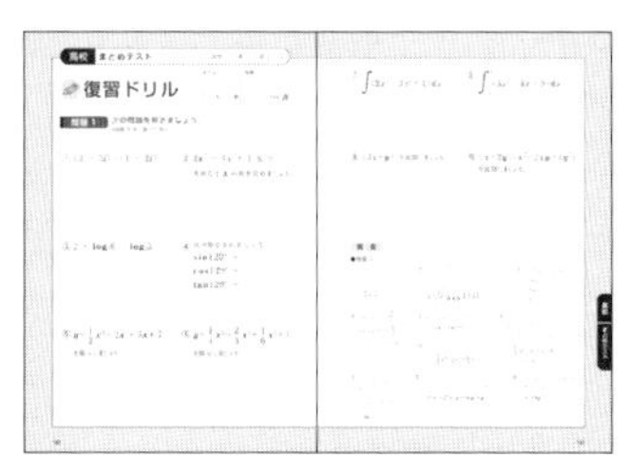

※ドリルページは何度も繰り返し挑戦できるよう、コピーして使用されることをおすすめします。

計算のルール

1 累乗・(　)を優先する

※｛　｝の中に累乗・(　)がある場合は、累乗・(　)の中を先に計算してから｛　｝の計算をします

2 次にかけ算・わり算を優先する

3 最後にたし算・ひき算をする

※計算の順序は左から右

例

$$\underbrace{2^2}_{1} \times \underbrace{(8-5)}_{1} + 16 - 6 \div 3$$

$$= \underbrace{4 \times 3}_{2} + 16 - \underbrace{6 \div 3}_{2}$$

$$= \underbrace{12 + 16 - 2}_{3}$$

$$= 26$$

第1章
小学校の算数

すべての計算の基本を学ぼう

たし算・ひき算

たし算とひき算は人間の生活に深く根づいた計算です。古代の人々は獲物や作物など、食料の調達と消費をたし算とひき算で計算し、計画的に暮らしていました。このように数の歴史は生活の中から生まれました。

たし算・ひき算の関係

たし算とひき算の計算は数どうしの関係を理解することが大切です。
数どうしの関係は下図のように図で示すとよく分かります。

【例】 3、5、8 の関係

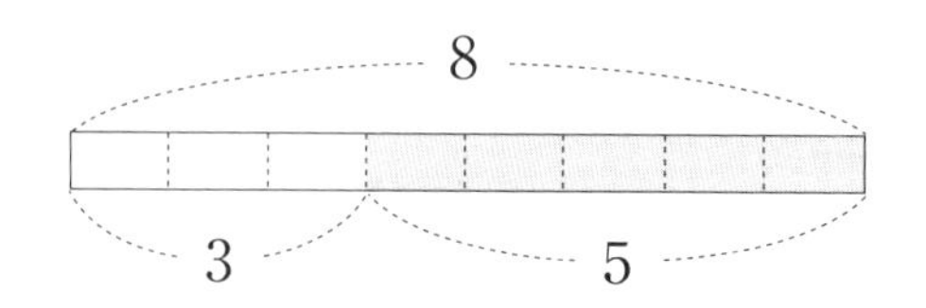

この図から、
3 + 5 = 8
5 + 3 = 8
8 − 3 = 5
8 − 5 = 3
という計算が分かります。

【例】 4、7、11 の関係

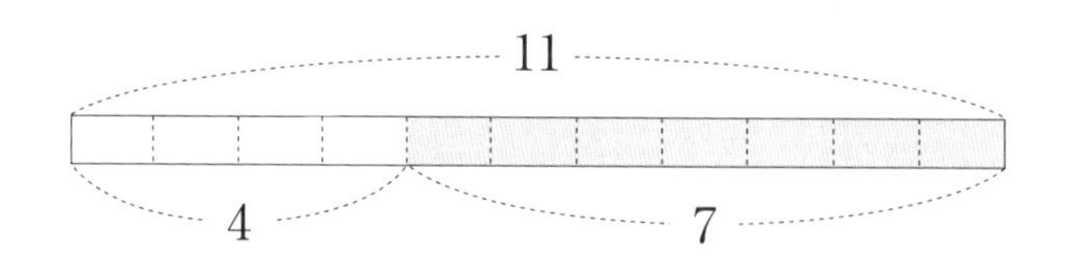

この図から、
4 + 7 = 11
7 + 4 = 11
11 − 4 = 7
11 − 7 = 4
という計算が分かります。

たし算の筆算

たされる数を上に、たす数を下にし、位を揃えます。
たした数が 10 以上になる場合を繰り上がりといいます。

1 一の位から順に計算する

一の位は 5 + 3 = 8 となり一の位に 8 を書きます。

2 繰り上がりを確認する

十の位は 7 + 4 = 11 となり繰り上がりは 1。十の位に 1 を、次の位（百の位）の右上に 1 を書きます。

3 繰り上がりを加える

百の位は 2 + 6 = 8 となり、8 に繰り上がりの 1 をたして 9 と書きます。918 が答えです。

```
    2  7  5   たされる数
 +  6  4  3   たす数
 ----------
    8¹ 1  8
    9  1  8
```

繰り上がりは次の位の右上に「1」と書く

ひき算の筆算

ひかれる数を上に、ひく数を下にし、位を揃えます。ひかれる数がひく数より小さいときは、次の位から 1 を借ります。これを繰り下がりといいます。

1 一の位から順に計算する

一の位は 8 − 5 = 3 となり一の位に 3 を書きます。

2 繰り下がりを確認する

十の位は 1 − 7 となりひかれる数がひく数より小さくなるので、繰り下がりがあります。次の位（百の位）から 1 を借りて 11 − 7 = 4 とし、十の位に 4 を書きます。百の位は 1 を貸したので 2 となります。243 が答えです。

```
    2
    3¹ 1  8   ひかれる数
 −     7  5   ひく数
 ----------
    2  4  3
```

繰り下がりがあるので 3 は 2 になる

- たし算とひき算はセットで覚える
- 繰り上がり・繰り下がりに気をつける

01日目 たし算・ひき算　日付　月　日（　）

復習ドリル

タイム　分　秒　合計　／100 点

基本問題 計算をしましょう。
（目標 3分／各 10 点）

① $\begin{array}{r} 34 \\ +\ 62 \\ \hline \end{array}$

② $\begin{array}{r} 375 \\ +\ 289 \\ \hline \end{array}$

③ $\begin{array}{r} 936 \\ +\ 685 \\ \hline \end{array}$

④ $\begin{array}{r} 83 \\ -\ 51 \\ \hline \end{array}$

⑤ $\begin{array}{r} 716 \\ -\ 274 \\ \hline \end{array}$

⑥ $\begin{array}{r} 542 \\ -\ 389 \\ \hline \end{array}$

応用問題 計算をしましょう。
（目標 2分／各10点）

①
```
  367
+ 385
```

②
```
  5708
+  729
```

③
```
  841
- 159
```

④
```
  4012
- 2674
```

解答

●基本問題

①
```
  34
+ 62
----
  96
```

②
```
  375
+ 289
-----
  664
```

③
```
   936
+  685
------
  1621
```

④
```
  83
- 51
----
  32
```

⑤
```
  716
- 274
-----
  442
```

⑥
```
  542
- 389
-----
  153
```

●応用問題

①
```
  367
+ 385
-----
  752
```

②
```
  5708
+  729
------
  6437
```

③
```
  841
- 159
-----
  682
```

④
```
  4012
- 2674
------
  1338
```

九九をおさらいしよう
かけ算・わり算

2×3と3×2は同じ答えですが、考え方が違います。3組のカップルが映画館へ行ったとき「ペアシートが3席」と「3人用シートが2席」では意味が違いますね。かける数・かけられる数の関係には、ちゃんと意味があるのです。

かけ算・わり算の関係

かけ算とわり算は、同じもののまとまりを考える計算です。例えば5×3＝15というかけ算は、「5つのまとまり」が「3つ」で「15になる」という意味です。また15÷5＝3というわり算は、15を「5つのまとまり」に分けると「3つ」あるという意味です。かけ算とわり算の関係は下図のようにブロックで示すとよく分かります。

【例】3、5、15の関係

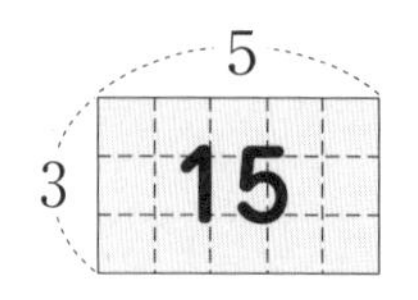

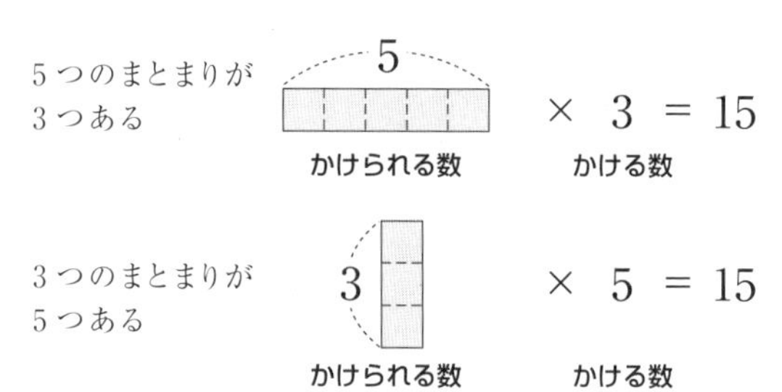

この図から、

5 × 3 ＝ 15

3 × 5 ＝ 15

15 ÷ 5 ＝ 3

15 ÷ 3 ＝ 5

という計算が分かります。

かけ算の筆算

かけられる数を上に、かける数を下にし、それぞれの位を揃えて書きます。かけた数が10以上になる場合を繰り上がりといいます。

1 かけられる数×かける数の一の位を計算する

47×5を計算します。

2 かけられる数×かける数の十の位を計算する

47×2(0)を計算します。

3 繰り上がりに注意してたす

繰り上がりと位に注意してたし算をします。1175が答えです。

		4	7	かけられる数
	×	2	5	かける数
	2	3 (3)	5	
	9 (1)	4		
1	1	7	5	

繰り上がりに注意して数字を書くこと

わり算の筆算

わられる数を右に、わる数を左に書きます。わられる数がわる数より小さくなったら、それ以上われないので「余り」となります。余りは「…」で表します。わり算の答えを商といいます。

1 25(0)÷12を計算する

25(0)÷12＝2(0)…1(0)となるので、答えの2(0)を十の位に書きます。余りの1(0)に3をおろしてきて13とします。13はわる数12より大きいので、もう一度わり算をします。

2 13÷12を計算する

13÷12＝1…1となるので、答えの1を一の位に書きます。答えは21…1となります。

			2	1	
わる数	12	2	5	3	わられる数
		2	4		
			1	3	
			1	2	
				1	

わる数12よりも小さいのでこれが余りとなる

- 繰り上がりと繰り下がりに気をつける
- 位に注意して計算する

日付　　月　　日（　）

復習ドリル

タイム　　分　　秒

合計　　／100 点

基本問題

計算をしましょう。
（目標 3 分／各 10 点）

① $\begin{array}{r} 34 \\ \times\ 21 \\ \hline \end{array}$

② $\begin{array}{r} 59 \\ \times\ 82 \\ \hline \end{array}$

③ $\begin{array}{r} 185 \\ \times\ 41 \\ \hline \end{array}$

④ $26 \overline{)\,312}$

⑤ $37 \overline{)\,670}$

⑥ $92 \overline{)\,6808}$

応用問題 計算をしましょう。
（目標 2分／各10点）

①
```
    2 1 6
  ×   6 3
```

②
```
    7 0 9
  ×   5 8
```

③
```
6 8 ) 3 6 0 4
```

④
```
4 8 ) 9 9 4 1
```

解答

●基本問題

①
```
      3 4
  ×   2 1
  -------
      3 4
    6 8
  -------
    7 1 4
```

②
```
        5 9
  ×     8 2
  ---------
      1 1 8
    4 7 2
  ---------
    4 8 3 8
```

③
```
      1 8 5
  ×     4 1
  ---------
      1 8 5
    7 4 0
  ---------
    7 5 8 5
```

④
```
          1 2
  2 6 ) 3 1 2
        2 6
        -----
          5 2
          5 2
        -----
            0
```

⑤
```
          1 8
  3 7 ) 6 7 0
        3 7
        -----
        3 0 0
        2 9 6
        -----
            4
```

⑥
```
            7 4
  9 2 ) 6 8 0 8
        6 4 4
        -------
          3 6 8
          3 6 8
        -------
              0
```

●応用問題

①
```
        2 1 6
  ×       6 3
  -----------
        6 4 8
    1 2 9 6
  -----------
    1 3 6 0 8
```

②
```
        7 0 9
  ×       5 8
  -----------
      5 6 7 2
    3 5 4 5
  -----------
    4 1 1 2 2
```

③
```
              5 3
  6 8 ) 3 6 0 4
        3 4 0
        -------
          2 0 4
          2 0 4
        -------
              0
```

④
```
            2 0 7
  4 8 ) 9 9 4 1
        9 6
        -------
          3 4 1
          3 3 6
        -------
              5
```

小学校の算数

03日目

数学の世界では重宝する数

分数

分数の歴史は古く、小数（4日目）がない時代にもすでに古代エジプトでは使われていました。普段はあまり使わない数ですが、数学の世界ではとても重宝する数です。しっかりマスターしましょう。

分数の基本

分数は分母と分子で表し、次のような意味があります。

① 等分したうちのいくつ分かを表す

② わり算の商を表す

$\frac{3}{5}$

3 ← 分子（① 5つに等分したうちの3つ）（② わられる数3）

5 ← 分母（① 5つに等分する）（② わる数5）

約分と通分

約分とは分母と分子を最大公約数でわって、もっとも簡単な分数に直すことです。分数の計算は約分した形で答えます。

通分とは分数の分母を揃えることです。分母をそれぞれの最小公倍数に直し、それにあわせて分子にも同じ数をかけます。

【例】

約分

$$\frac{16}{8} \rightarrow \frac{16 \div 8}{8 \div 8} \rightarrow \frac{2}{1} = 2$$

分母が1になったら整数に直す

分母8と分子16を最大公約数の8でわる

通分

$$\frac{3}{8},\ \frac{1}{4} \rightarrow \frac{3}{8},\ \frac{1 \times 2}{4 \times 2} \rightarrow \frac{3}{8},\ \frac{2}{8}$$

分母の8と4を最小公倍数の8に揃える

たし算・ひき算

分数のたし算・ひき算は、まず通分して分母を同じにします。

1 それぞれの分数を通分する

$$\frac{1}{2}+\frac{2}{3}-\frac{3}{4}=\frac{1\times6}{2\times6}+\frac{2\times4}{3\times4}-\frac{3\times3}{4\times3}$$

2 計算する

計算の最後に、答えが約分できるかどうかを確認します。

$$=\frac{6+8-9}{12}$$

$$=\frac{5}{12}$$

分母2、3、4の最小公倍数は12

答え $\frac{5}{12}$

かけ算

分数のかけ算は、分母どうし、分子どうしをかけます。

整数をかける場合は分子にかける

1 分母どうし、分子どうしをかける

$$\frac{3}{4}\times2\times\frac{5}{9}=\frac{3\times2\times5}{4\times1\times9}$$

途中で約分できるかを確認！

2 計算する

計算する前に約分できるものは約分します。

$$=\frac{5}{6}$$

答え $\frac{5}{6}$

わり算

分数のわり算は、わられる数にわる数の逆数をかけます。

1 わられる数にわる数の逆数をかける

$$\frac{8}{15}\div\frac{4}{9}=\frac{8\times9}{15\times4}$$

わる数 $\frac{4}{9}$ の逆数は $\frac{9}{4}$

$$=\frac{6}{5}$$

2 計算する

計算する前に約分できるものは約分します。

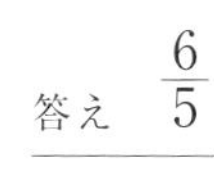

答え $\frac{6}{5}$

- 分数のたし算とひき算は、通分する
- 分数のかけ算は、分母どうし、分子どうしをかける
- 分数のわり算は、わられる数にわる数の逆数をかける

復習ドリル

タイム　分　秒　合計　／100点

基本問題 ヒントを参考に計算をしましょう。
（目標 3分／各 10点）

① $\frac{2}{5}+\frac{1}{5}$

$=\frac{\square+\square}{5}$

② $\frac{5}{7}-\frac{2}{7}$

$=\frac{\square-\square}{7}$

③ $\frac{1}{4}+\frac{5}{8}$

$=\frac{\square+\square}{8}$

④ $\frac{5}{12}-\frac{1}{4}$

$=\frac{\square-\square}{12}$

⑤ $\frac{21}{32}\times\frac{4}{9}$

$=\frac{21\times4}{32\times9}$

⑥ $\frac{16}{3}\div\frac{28}{21}$

$=\frac{16\times21}{3\times28}$

応用問題 計算をしましょう。

（目標 2分／各10点）

① $\frac{2}{3}+\frac{5}{6}-\frac{1}{4}$

② $\frac{2}{3}-\frac{3}{14}\times\frac{7}{9}$

③ $\left(\frac{3}{8}+\frac{5}{12}\right)\div\frac{2}{3}$

④ $\frac{14}{15}\div\frac{7}{8}\times\frac{9}{16}$

解　答

●基本問題

① $\frac{2}{5}+\frac{1}{5}$
$=\frac{2+1}{5}$
$=\frac{3}{5}$

② $\frac{5}{7}-\frac{2}{7}$
$=\frac{5-2}{7}$
$=\frac{3}{7}$

③ $\frac{1}{4}+\frac{5}{8}$
$=\frac{2+5}{8}$
$=\frac{7}{8}$

④ $\frac{5}{12}-\frac{1}{4}$
$=\frac{5-3}{12}$
$=\frac{2}{12}$
$=\frac{1}{6}$

⑤ $\frac{21}{32}\times\frac{4}{9}$
$=\frac{21\times4}{32\times9}$
$=\frac{7}{24}$

⑥ $\frac{16}{3}\div\frac{28}{21}$
$=\frac{16\times21}{3\times28}$
$=4$

●応用問題

① $\frac{2}{3}+\frac{5}{6}-\frac{1}{4}$
$=\frac{8+10-3}{12}$
$=\frac{5}{4}$

② $\frac{2}{3}-\frac{3}{14}\times\frac{7}{9}$
$=\frac{2}{3}-\frac{1}{6}$
$=\frac{1}{2}$

③ $\left(\frac{3}{8}+\frac{5}{12}\right)\div\frac{2}{3}$
$=\left(\frac{9+10}{24}\right)\times\frac{3}{2}$
$=\frac{19}{16}$

④ $\frac{14}{15}\div\frac{7}{8}\times\frac{9}{16}$
$=\frac{14\times8\times9}{15\times7\times16}$
$=\frac{3}{5}$

小数のしくみ
小数

15世紀頃に小数が誕生するまで、数は自然数だけでした。そのため、桁が大きくなりすぎて不便になっていました。小数のおかげで、さまざまな数が桁を増やさずに表現できるようになりました。

小数の基本

0.1や2.3のような数を小数といい、1を10等分した数が0.1、100等分した数が0.01となります。小数点より右の位にもそれぞれ名前があります。

0	.	1	2	3
↑	↑	↑	↑	↑
一の位	小数点	小数第一位	小数第二位	小数第三位

0.123は　0.1が1つ、
0.01が2つ、
0.001が3つ　集まった数

たし算・ひき算

整数の場合と同じように、小数のたし算・ひき算も位を揃えて計算します。小数点はそのままおろします。

1 位を揃える

小数点の位置を揃えます。

2 計算する

$$
\begin{array}{r}
10.230 \\
+\ \ 5.015 \\
\hline
15.245
\end{array}
$$

小数点はそのまま
おろしてくる

かけ算

整数の場合と同じように計算した後、かけられる数とかける数の小数点以下の桁数をたした分だけ、小数点を左にずらします。

1 計算する

小数点を気にしないで、整数の場合と同じように計算します。

2 小数点以下の桁数を数える

かけられる数5.21の小数点以下の桁は2つ、かける数4.3の小数点以下の桁は1つ。小数点以下の桁数は合計3つです。

3 小数点をずらす

小数点以下の桁数は合計3つなので、小数点を左に3桁ずらして打ちます。

$$
\begin{array}{r}
5.21 \\
\times \quad 4.3 \\
\hline
1563 \\
2084 \\
\hline
22.403
\end{array}
$$

小数点を左に
3桁ずらす

わり算

わる数を整数にします。それと同じだけわられる数の小数点も右にずらします。商と余りの小数点はわられる数に揃えます。

1 わる数を整数にする

わる数3.14の小数点を右に2桁ずらし、整数314にします。それにあわせ、わられる数5.339の小数点も右に2桁ずらし、533.9にします。

2 計算する

小数点を気にしないで、整数の場合と同じように計算します。

3 商と余りの小数点を打つ

わられる数の小数点にあわせ、余りはわられる数の元の小数点に揃えて打ちます。

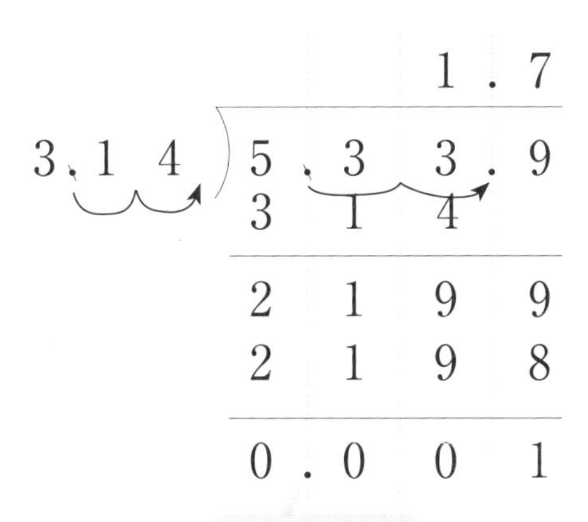

余りは元の小数点のままで移動しません

- 小数のたし算とひき算は位を揃える
- 小数のかけ算とわり算は小数点の位置に気をつける

04 日目 小数　　日付　　月　　日（　　）

復習ドリル

タイム　　分　　秒　　合計　　／100 点

基本問題 ヒントを参考に計算をしましょう。
（目標 3分／各10点）

①
$$\begin{array}{r} 1.34 \\ +\ 0.597 \\ \hline \end{array}$$

②
$$\begin{array}{r} 0.621 \\ -\ 0.084 \\ \hline \end{array}$$

③
$$\begin{array}{r} 1.6 \\ \times\ 0.78 \\ \hline \end{array}$$

④
$$\begin{array}{r} 0.92 \\ \times\ 2.04 \\ \hline \end{array}$$

⑤ $2.1 \overline{)\ 35.7}$

⑥ $3.8 \overline{)\ 110.2}$

応用問題 計算をしましょう。
(目標 2分／各10点)

①
$$\begin{array}{r} 0.702 \\ +\ 0.6815 \\ \hline \end{array}$$

②
$$\begin{array}{r} 2.154 \\ -\ 1.09 \\ \hline \end{array}$$

③
$$\begin{array}{r} 27.3 \\ \times\ 0.25 \\ \hline \end{array}$$

④
$$0.53 \overline{)\ 2.176}$$

解答

●基本問題

① $1.34 + 0.597 = 1.937$

② $0.621 - 0.084 = 0.537$

③ 1.6×0.78: 128, 112 → 1.248

④ 0.92×2.04: 368, 184 → 1.8768

⑤ $35.7 \div 2.1$: 21, 147, 147, 0 → 17

⑥ $11.02 \div 3.8$: 76, 342, 342, 0 → 2.9

●応用問題

① $0.702 + 0.6815 = 1.3835$

② $2.154 - 1.09 = 1.064$

③ 27.3×0.25: 1365, 546 → 6.825

④ $2.176 \div 0.53$: 212, 56, 53 → 4.1 あまり 0.003

暮らしの中でもよく使う
量・時間の単位計算

自然や身体など単位は「目に見えるもの」を基準に作られました。現在では昔なら想像もつかないような、ギガ（10^9 倍）やナノ（10^{-9} 倍）といった単位も使います。技術の進歩とともに「単位」の世界は広がりを見せています。

長さの単位

単位

1*mm*（ミリメートル）
1*cm*（センチメートル）
1*m*　（メートル）
1*km*（キロメートル）

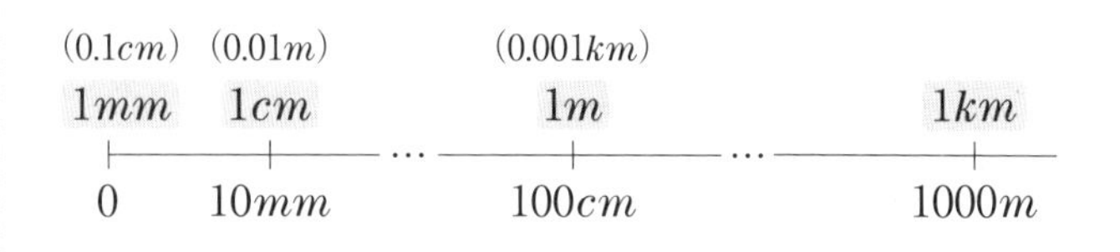

【例】 次の長さを（　）の中の単位で表しましょう。

① 1550*mm*（*cm*）

1*mm* = 0.1*cm* なので

1550 × 0.1 = 155

答え　155*cm*

② 980*m*（*km*）

1*m* = 0.001*km* なので

980 × 0.001 = 0.98

答え　0.98*km*

③ 32.8*m*（*cm*）

1*m* = 100*cm* なので

32.8 × 100 = 3280

答え　3280*cm*

④ 78.4*cm*（*mm*）

1*cm* = 10*mm* なので

78.4 × 10 = 784

答え　784*mm*

重さの単位

単位

1mg（ミリグラム）
1g （グラム）
1kg（キログラム）
1t （トン）

（0.001g）（0.001kg）（0.001t）
1mg　1g　1kg　1t
0　1000mg　…　1000g　…　1000kg

【例】 次の重さを（　）の中の単位で表しましょう。

① 3650g （kg）

1g ＝ 0.001kg なので

$3650 \times 0.001 = 3.65$

答え　3.65kg

② 53kg （t）

1kg ＝ 0.001t なので

$53 \times 0.001 = 0.053$

答え　0.053t

時間の単位

単位

1 秒 $= \frac{1}{60}$ 分

1 分 ＝ 60 秒 $= \frac{1}{60}$ 時間

1 時間 ＝ 60 分

【例】 次の時間を（　）の中の単位で表しましょう。

① 7 分 40 秒 （秒）

1 分 ＝ 60 秒なので

$60 \times 7 + 40 = 420 + 40$

$= 460$

答え　460 秒

② 14580 秒 （分）

1 秒 $= \frac{1}{60}$ 分なので

$14580 \times \frac{1}{60} = 243$

答え　243 分

- 長さ、重さ、時間の単位を覚える
- 単位を変えて表すときは、小数・分数の計算を使う

 復習ドリル

タイム　　分　　秒　　合計　　／100 点

基本問題 （　）の中の単位で表しましょう。
（目標 3分／各 10 点）

① $27.8cm$（mm）

② $185.7cm$（m）

③ $2780g$（kg）

④ $8.12kg$（g）

⑤ 6分37秒（秒）

⑥ 3時間16分（分）

応用問題 計算をして（　）の中の単位で表しましょう。
（目標 2分／各 10 点）

① $142mm + 28.7cm(cm)$　② $682mg + 30g + 0.8kg(g)$

③ $0.386t + 4070g(kg)$　④ 1時間28分＋120秒(分)

解　答

●基本問題

① $27.8cm \times 10 = 278mm$

② $185.7cm \times 0.01 = 1.857m$

③ $2780g \times 0.001 = 2.78kg$

④ $8.12kg \times 1000 = 8120g$

⑤ 6分37秒＝60秒×6＋37秒
＝397秒

⑥ 3時間16分＝60分×3＋16分
＝196分

●応用問題

① $142mm + 28.7cm$
$= 142mm \times 0.1 + 28.7cm$
$= 14.2cm + 28.7cm$
$= 42.9cm$

② $682mg + 30g + 0.8kg$
$= 682mg \times 0.001 + 30g + 0.8kg \times 1000$
$= 0.682g + 30g + 800g$
$= 830.682g$

③ $0.386t + 4070g$
$= 0.386t \times 1000 + 4070g \times 0.001$
$= 386kg + 4.07kg$
$= 390.07kg$

④ 1時間28分＋120秒
＝60分＋28分＋120秒×$\frac{1}{60}$
＝88分＋2分
＝90分

いろいろな図形について知ろう

面積・体積

面積や体積は、国や時代によって異なる単位がありましたが、後に国際統一されました。日本は、面積を「坪、反」、体積を「合、升」などで表しました。6日目は世界基準の「メートル法」を使って面積・体積を求めます。

面積

面積とは「広さ」のことです。面積は cm^2（平方センチメートル）や m^2（平方メートル）などの単位で表します。いろいろな図形の面積を求めましょう。

【長方形】

（面積）＝（縦）×（横）

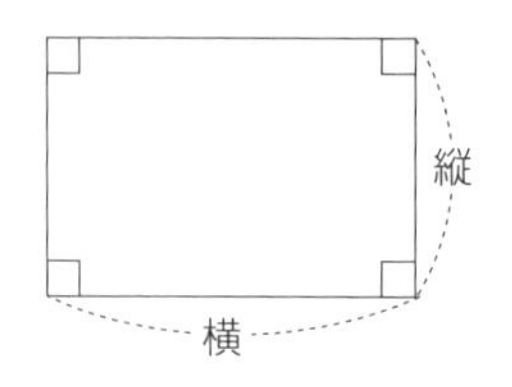

【平行四辺形】

（面積）＝（底辺）×（高さ）

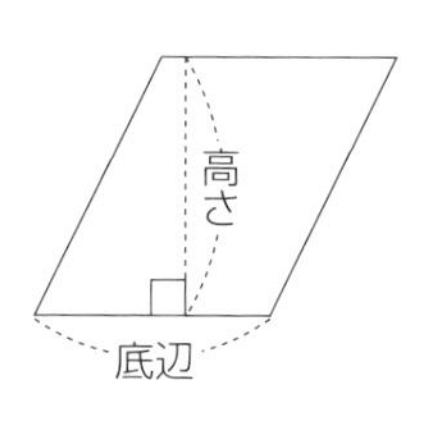

2組の対辺（向かい合う辺）が平行

【台形】

（面積）＝$\frac{1}{2}$×{（上底）＋（下底）}×（高さ）

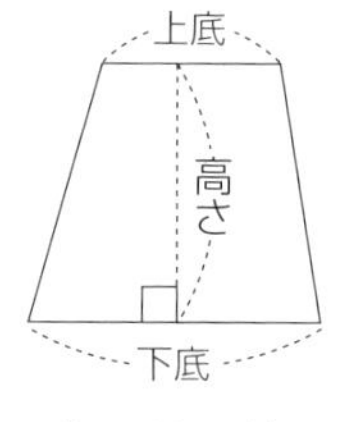

1組の対辺（向かい合う辺）が平行

【三角形】

（面積）＝$\frac{1}{2}$×（底辺）×（高さ）

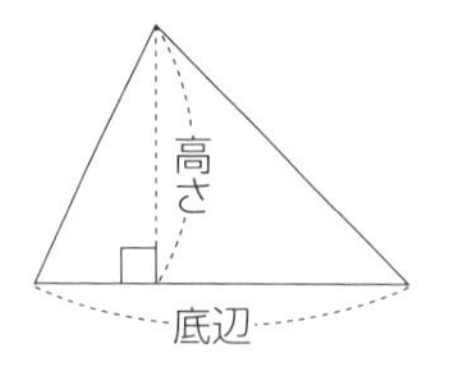

【円】

（面積）＝π×（半径）×（半径）

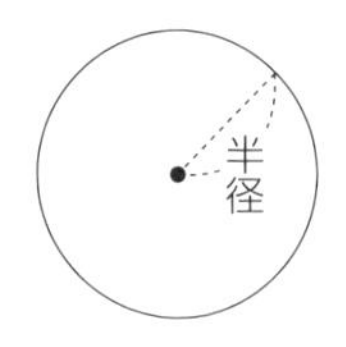

【扇形】

（面積）＝π×（半径）×（半径）×$\frac{（角度）}{360°}$

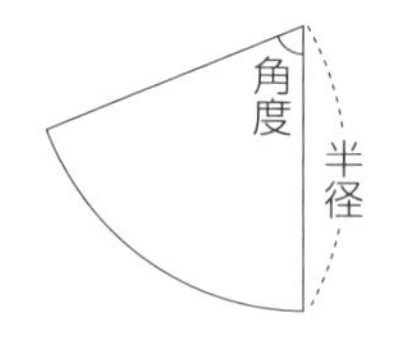

体積

体積は「かさ」を示します。体積は cm^3(立方センチメートル)や m^3(立方メートル)などの単位で表します。いろいろな立体の体積を求めましょう。

【直方体】

(体積)＝(縦)×(横)×(高さ)

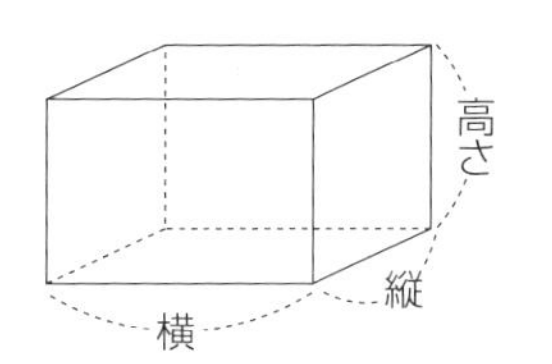

【立方体】

(体積)＝(一辺)×(一辺)×(一辺)

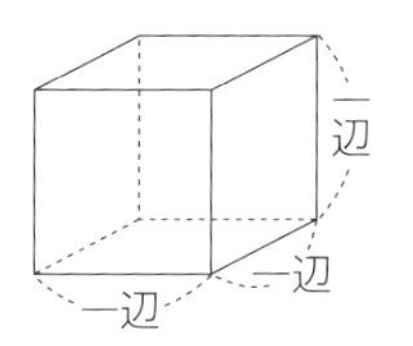

一辺はどれも同じ長さ

【すい体】

(体積)＝$\frac{1}{3}$×(底面積)×(高さ)

(三角すい)

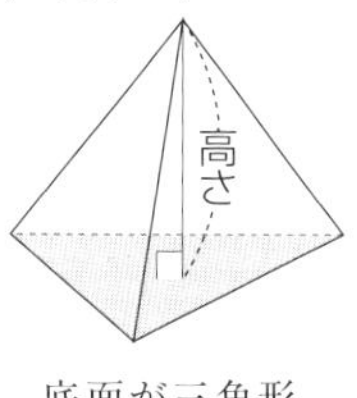

底面が三角形

(四角すい)

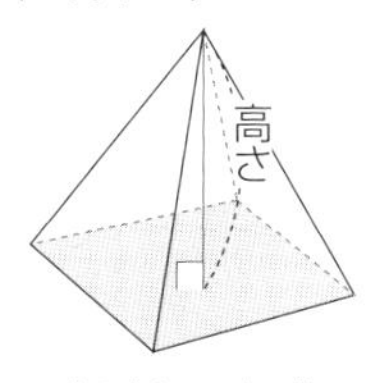

底面が四角形

(円すい)

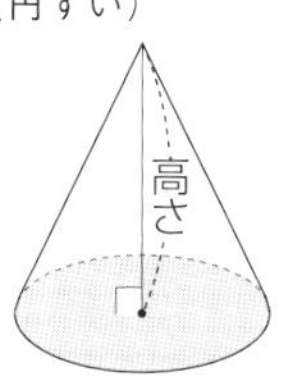

底面が円

【球】

(体積)＝$\frac{4}{3}$×π×(半径)×(半径)×(半径)

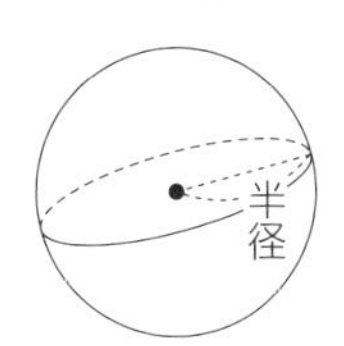

「π」とは？

πとは円周率のことで、その値は約 3.14 です。円周率とは直径と円周の比率で、常に直径：円周＝1：πとなります。πは分数で表せない「無理数」で、小数点以下が永遠に続きます。現在、円周率は 100 兆桁まで分かっています。

- **面積は広さのこと。単位は cm^2、m^2 など**
- **体積はかさのこと。単位は cm^3、m^3 など**

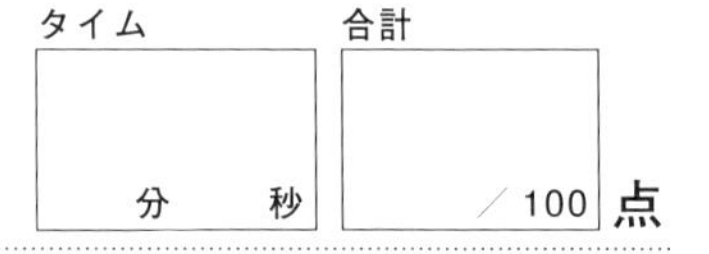

基本問題 面積や体積を求めましょう。
（目標 3 分／各 10 点）

① 台形

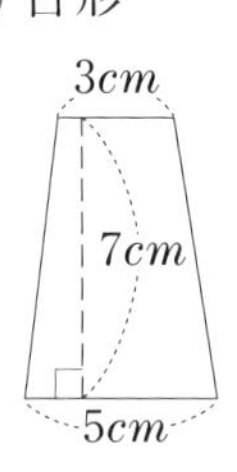

② 円

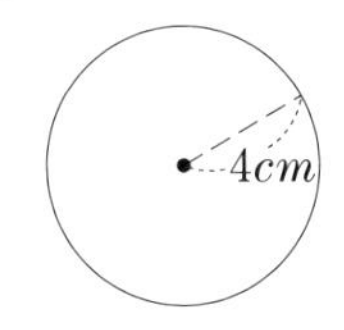

③ 扇形

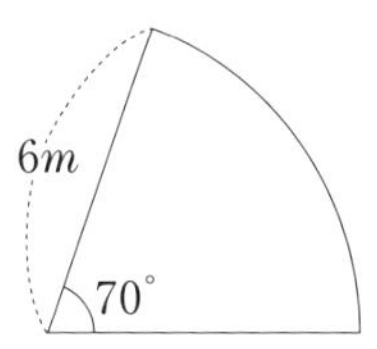

④ 立方体

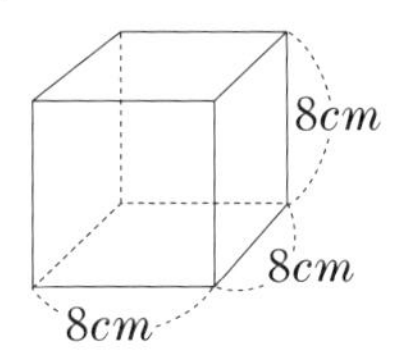

⑤ 球

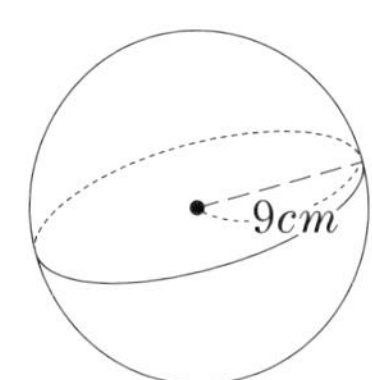

⑥ 三角すい

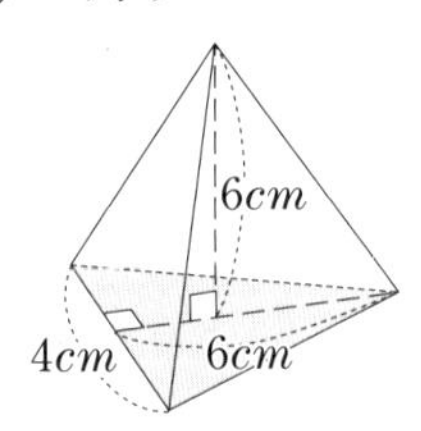

応用問題 面積や体積を求め、(　)の中の単位で表しましょう。

(目標 2分／各10点)

① 平行四辺形（cm^2）

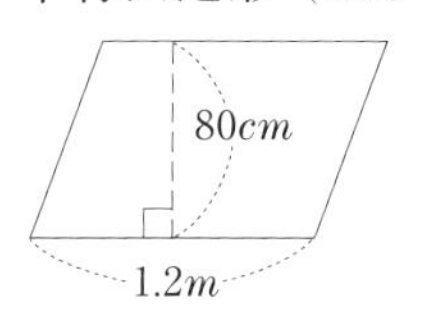

② 直方体（cm^3）

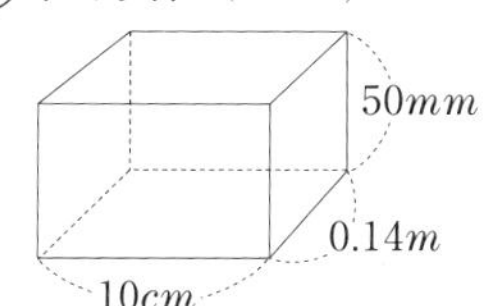

③ 四角すい（cm^3）

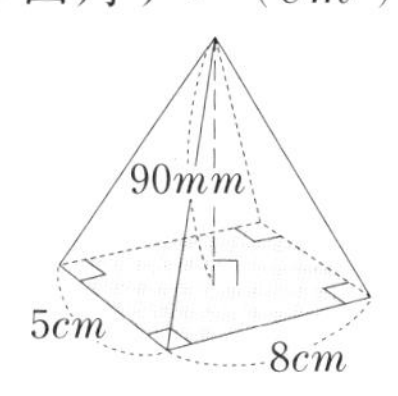

④ 円すい（m^3）

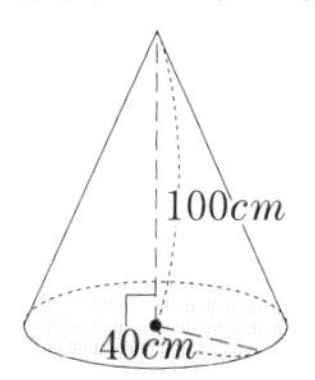

解　答

●基本問題

① （面積）$= \frac{1}{2} \times (3+5) \times 7 = 28 (cm^2)$

② （面積）$= \pi \times 4 \times 4 = 16\pi (cm^2)$

③ （面積）$= \pi \times 6 \times 6 \times \frac{70°}{360°} = 7\pi (m^2)$

④ （体積）$= 8 \times 8 \times 8 = 512 (cm^3)$

⑤ （体積）$= \frac{4}{3} \times \pi \times 9 \times 9 \times 9 = 972\pi (cm^3)$

⑥ （体積）$= \frac{1}{3} \times \left(\frac{1}{2} \times 4 \times 6\right) \times 6 = 24 (cm^3)$

●応用問題

① （面積）$= (1.2 \times 100) \times 80$
$= 120 \times 80$
$= 9600 (cm^2)$

② （体積）$= 10 \times (0.14 \times 100) \times (50 \times 0.1)$
$= 10 \times 14 \times 5$
$= 700 (cm^3)$

③ （体積）$= \frac{1}{3} \times 5 \times 8 \times (90 \times 0.1)$
$= \frac{1}{3} \times 5 \times 8 \times 9$
$= 120 (cm^3)$

④ （体積）$= \frac{1}{3} \times (\pi \times 0.4 \times 0.4) \times 1$
$= \frac{1}{3} \times \pi \times \frac{2}{5} \times \frac{2}{5} \times 1$
$= \frac{4}{75}\pi (m^3)$

分数のわり算のナゾ

小学校の算数で習うたし算、ひき算、かけ算、わり算、比や割合などはすべて日々の生活で使う計算です。ただ、分数だけは別です。「ケーキを$\frac{1}{4}$に切る」のように使うことはあっても、分数の計算を行うことはあまりありません。
そういう事情もあり、分数を苦手に感じる方も多いようです。

特に分かりにくいのが分数のわり算です。分数のわり算は、「わる数」の分母と分子をひっくり返してかけ算にします。しかしそれがなぜかを答えられる方は、きっと少ないでしょう。

いま、1Lで$5m^2$塗れるペンキがあるとします。このペンキ10Lでは何m^2塗れるでしょうか。
この問題はさほど難しくありません。ペンキの量が10倍なら、塗れる面積も10倍になるので、
10（L）×5（1Lで塗れる面積m^2）＝50（m^2）　となります。
この計算は「1Lに対してどれだけの面積を塗れるか」→「1Lあたりの量（m^2）」を基準にしています。

ではここで見方を変えて「$1m^2$あたりの量」を基準にして考えてみましょう。
1（L）÷5（m^2）＝$\frac{1}{5}$(L) なので、このペンキは「$1m^2$塗るには$\frac{1}{5}$L必要となるペンキ」と言い換えることができます。
これで先ほどの問題を考えてみましょう。10Lで何m^2塗れるかは
10（L）÷$\frac{1}{5}$(1m^2塗るのに必要な量)　という計算で求められます。
ここで「分数のわり算」が出てきました。

実は「1Lで$5m^2$塗れるペンキ」も「$1m^2$塗るには$\frac{1}{5}$L必要となるペンキ」も、「単位あたりの量」が違うだけで、同じペンキを表していることに変わりはありません。つまり「同じペンキ」を「同じ量だけ使って塗れる面積」は等しくなります。ですから$10 \times 5 = 10 \div \frac{1}{5} = 50$が成り立ち、「÷$\frac{1}{5}$は×5と同じ」といえるのです。ちゃんと分数のわり算が、わる数の逆数のかけ算になっていますね。

分数のわり算の計算は、このように「単位あたりの量」を考えることで理解できます。

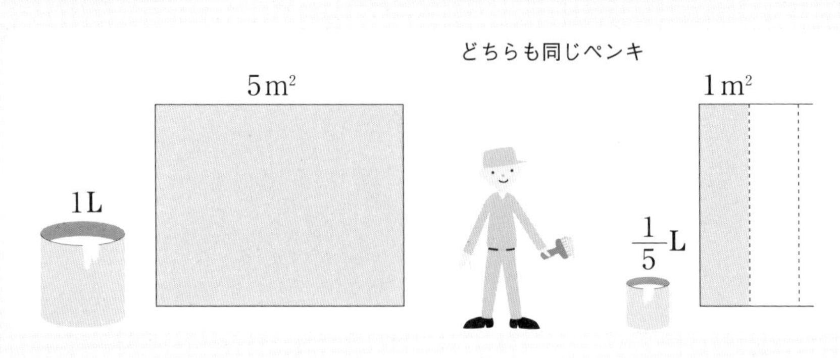

第２章

中学校の数学

プラス　マイナス
＋ と － には方向がある

正の数・負の数

負の数とは「0よりも小さい数」のことです。日常の生活には負で表される数がたくさんあります。「気温－10℃(0℃よりも10℃低い)」、「預金残高－1000円(1000円の借金)」など、負の数は生活に欠かせない数です。

正の数・負の数の基本

0を基準に考え、0より大きい数を正の数、0より小さい数を負の数といいます。正の数は右(正の方向)に、負の数は左(負の方向)に向きを持っていると考えます。

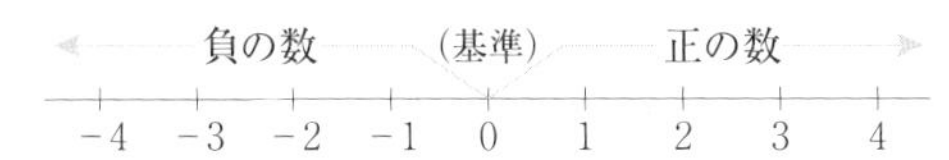

たし算・ひき算

小学校のひき算では「8－3」というカタチで計算を理解しましたが、中学校では負の数を使って「8＋(－3)」という考え方を勉強します。ひき算は「負の数をたす」と考えることがポイントです。

【例】

$8-3=(+8)+(-3)=+5=5$

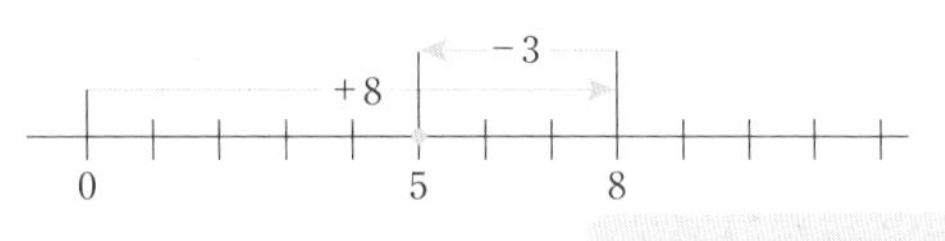

－3をひくということは
＋3をたすことと同じ

$8-(-3)=(+8)+(+3)=+11=11$

かけ算・わり算

負の数が入ったかけ算・わり算は「負の符号を数えて、奇数個なら答えは負の数。偶数個なら答えは正の数」と教わりました。数直線で考えると「－1をかける」ということは「向きが変わる」ことになります。わり算はかけ算で表せるので考え方はかけ算と同じです（例：$12 \div 6 = 12 \times \frac{1}{6}$）。

ルール

（正の数）×（正の数）＝（正の数）
（正の数）×（負の数）＝（負の数）
（負の数）×（正の数）＝（負の数）
（負の数）×（負の数）＝（正の数）

【例】 －2をかける場合について考えてみましょう。

$3\times2 = (+3)\times(+2) = +6 = 6$

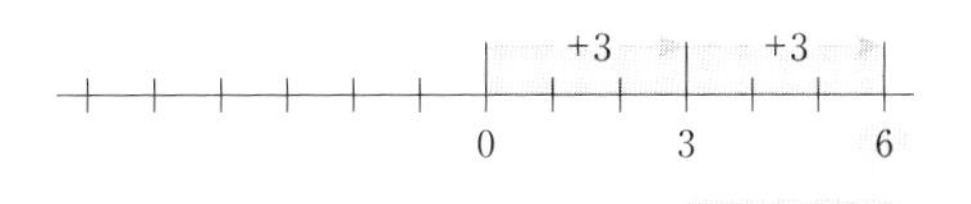

向きが変わる

$3\times\underline{(-2)} = (+3)\times\underline{(+2)\times(-1)} = -6$

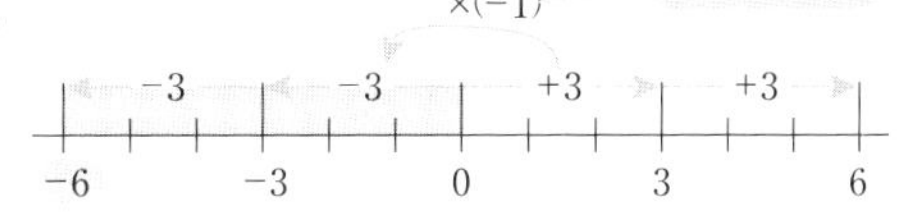

$(-3)\times2 = (-3)\times(+2) = -6$

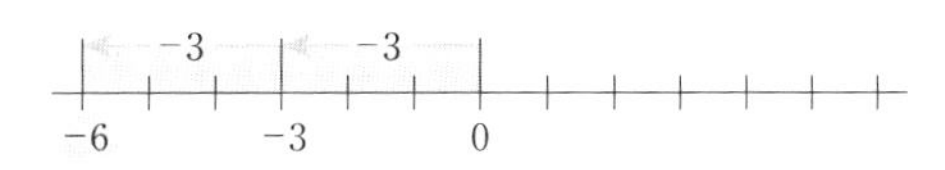

$(-3)\times\underline{(-2)} = (-3)\times\underline{(+2)\times(-1)} = +6 = 6$

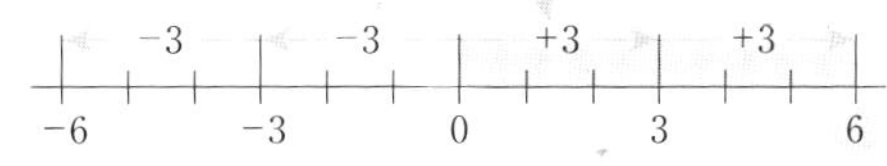

- 正の数は右（正の方向）に、
  負の数は左（負の方向）に向きを持っている

　日付　月　日（　）

復習ドリル

タイム　分　秒

合計　／100点

基本問題 ヒントを参考に計算をしましょう。
（目標 3分／各10点）

① $-12+3$

② $(-8)-(-23)$

③ $12\times(-2)$

④ $(-6)\times(-7)$

⑤ $-54\div9$

⑥ $-48\div(-8)$

応用問題 計算をしましょう。

（目標 2 分／各 10 点）

① $-6 \div (5-17) \times 4$

② $(-6+2) \times (-7-5)$

③ $12 + (-27) \times 2 \div (-6)$

④ $39 - (-96) \div 16 + 42$

解　答

●基本問題

① $-12+3=-9$

② $(-8)-(-23)$
$=-8+23$
$=15$

③ $12 \times (-2) = -24$

④ $(-6) \times (-7) = 42$

⑤ $-54 \div 9 = -6$

⑥ $-48 \div (-8) = 6$

●応用問題

① $-6 \div (5-17) \times 4$
$=-6 \div (-12) \times 4$
$=\frac{1}{2} \times 4$
$=2$

② $(-6+2) \times (-7-5)$
$=(-4) \times (-12)$
$=48$

③ $12+(-27) \times 2 \div (-6)$
$=12+(-54) \div (-6)$
$=12+9$
$=21$

④ $39-(-96) \div 16+42$
$=39-(-6)+42$
$=39+6+42$
$=87$

中学校 正の数・負の数

方程式や関数を学ぶための準備！

文字式

文字式はとても便利な式です。例えば縦 x、横 y の長方形の面積を文字式「xy」で表すと、x や y に数を入れるだけであらゆる長方形の面積が求められます。方程式を学ぶ準備として、文字式のルールを覚えましょう。

文字式の基本

数の代わりにアルファベットなどの文字を用いた式のことを文字式といいます。文字式には1つの項からなる単項式と、いくつかの項が集まった多項式があります。文字式も数と同じように計算できます。

文字式
- 単項式…1つの項からなる式（例：3、a、$-2x$、y^2）
- 多項式…いくつかの項が集まった式（例：$a+b$、x^2+3y+2）

基本のルール

1. 係数が1と−1のときは1を省略できる（例：$1a \to a$、$-1a \to -a$）
2. 数を先に書く（例：$3a$、$\frac{2}{3}b$、$1.4x$）
3. 係数が分数の場合は分子に文字が入っていてもよい（例：$\frac{1}{2}a=\frac{a}{2}$）
4. 分子や分母のマイナスは前に出す（例：$\frac{-a}{b}=\frac{a}{-b}=-\frac{a}{b}$）

たし算・ひき算

文字式のたし算・ひき算は、同じ文字の項（同類項）どうしをまとめることができます。

$$2a+b+3a-4b+c=(2+3)a+(1-4)b+c$$
$$=5a-3b+c$$

同類項どうしをまとめる

答え　$5a-3b+c$

中学校　文字式

かけ算・わり算

かけ算・わり算のルール

1. かけ算は×を省略できる（例：$a\times b=ab$）
2. 同じ文字どうしのかけ算は指数を使う（例：$a\times a\to a^2$）
3. わり算はわられる数を分子に、わる数を分母にする（例：$a\div b=\frac{a}{b}$）
4. 分子と分母に同じ文字があれば消す（例：$\frac{2a^2\cancel{b}}{5\cancel{b}}\to\frac{2a^2}{5}$）

$$3y\times y\div 2xz\times\frac{1}{2}yz\times 4=\frac{3y\times y\times y\cancel{z}\times 4}{2x\cancel{z}\times 2}$$
$$=\frac{3y^3}{x}$$

分子と分母のzを消す

同じ文字のかけ算は指数で表す

答え　$\frac{3y^3}{x}$

四則の混じった計算

四則の混じった計算も数の計算と同じルールです（p8参照）。まず（　）の中を計算し、次にかけ算･わり算をして、最後にたし算･ひき算を行います。

$$-5\times a-(3ab-ab-3)\div b=-5a-(2ab-3)\div b$$
$$=-5a-\frac{2a\cancel{b}}{\cancel{b}}+\frac{3}{b}$$
$$=(-5-2)a+\frac{3}{b}$$
$$=-7a+\frac{3}{b}$$

×、÷をしてから＋、−

答え　$-7a+\frac{3}{b}$

- **文字式は数と同じように計算できる**
- **×は省略できる（＋や−、（　）は省略できない）**

復習ドリル

タイム　分　秒　合計　／100点

基本問題 ヒントを参考に計算をしましょう。
（目標 3分／各 10 点）

① $2a+5a$

$=(\quad)a$

② $8x-2y-3x-(-y)$

$=(\quad)x+(\quad)y$

③ $2a\div 4b\times 6$

$=\dfrac{\square\times\square}{\square}$

④ $3x\times 2y\times 5x\times 4$

⑤ $5a\div 2b\times 7ab$

$=\dfrac{\square\times\square}{\square}$

⑥ $2x^2\div\dfrac{3}{4}xy\times\dfrac{6}{5y}$

$=\dfrac{\square\times\square\times\square}{\square\times\square}$

応用問題　計算をしましょう。
（目標 2 分／各 10 点）

① $13a-2\times5-8a$

② $(6x-2y)\times3-5x+(3y)^2$

③ $3ab\times2a\times\dfrac{1}{4a}\times b^2$

④ $3xy^2\times(4x-2x)\div5x$

解　答

●基本問題

① $2a+5a=(2+5)a$
$=7a$

② $8x-2y-3x-(-y)$
$=(8-3)x+(-2+1)y$
$=5x-y$

③ $2a\div4b\times6$
$=\dfrac{2a\times6}{4b}$
$=\dfrac{3a}{b}$

④ $3x\times2y\times5x\times4$
$=3\times2\times5\times4\times x\times y\times x$
$=120x^2y$

⑤ $5a\div2b\times7ab$
$=\dfrac{5a\times7ab}{2b}$
$=\dfrac{35}{2}a^2$

⑥ $2x^2\div\dfrac{3}{4}xy\times\dfrac{6}{5y}$
$=\dfrac{2x^2\times4\times6}{3xy\times5y}$
$=\dfrac{16x}{5y^2}$

●応用問題

① $13a-2\times5-8a$
$=13a-10-8a$
$=(13-8)a-10$
$=5a-10$

② $(6x-2y)\times3-5x+(3y)^2$
$=(18x-6y)-5x+9y^2$
$=(18-5)x-6y+9y^2$
$=13x-6y+9y^2$

③ $3ab\times2a\times\dfrac{1}{4a}\times b^2$
$=\dfrac{3ab\times2a\times b^2}{4a}$
$=\dfrac{3}{2}ab^3$

④ $3xy^2\times(4x-2x)\div5x$
$=\dfrac{3xy^2\times2x}{5x}$
$=\dfrac{3xy^2\times2}{5}$
$=\dfrac{6}{5}xy^2$

直線の式を表す関数 1次関数

1次関数は身近なところに潜んでいます。例えば車を思い浮かべてください。一定速度 a で車が走るとき、「走行距離 y =速度 a ×時間 x」と表されます。このような x と y の関係があるとき、y は x の1次関数といいます。

1次関数の基本

1次関数の特徴は変化の割合（x が1増加したときの y の増加量）が一定ということです。1次関数のグラフは直線となり、変化の割合が直線の傾きを表します。

公式

$$\text{変化の割合(直線の傾き)} = \frac{y\text{の増加量}}{x\text{の増加量}}$$

グラフのかき方・読み方

グラフは、変化の割合（直線の傾き）が正であれば右上がり、負であれば右下がりになります。また変化の割合（直線の傾き）が大きいほど傾きは急になり、小さいほど緩やかになります。また、グラフ上の $x = a$、$y = b$ の点を（a、b）と表します。

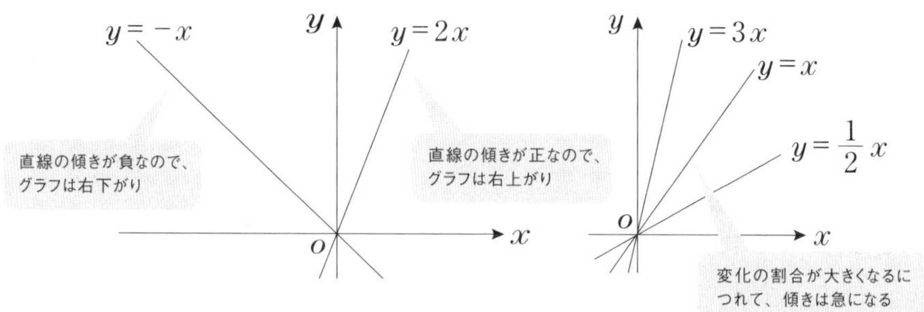

$y = ax$ のグラフ

【例】 $y = 2x$

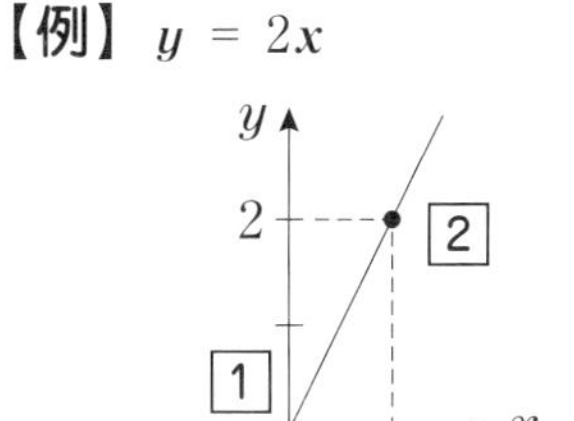

1 原点を通る

$x = 0$ のとき $y = 0$ を通ります。

2 点 $(1、a)$ を通る

$x = 1$ のとき $y = a$ を通ります。
$y = 2x$ の場合（1、2）を通ります。

$y = ax + b$ のグラフ

【例】 $y = 2x + 1$

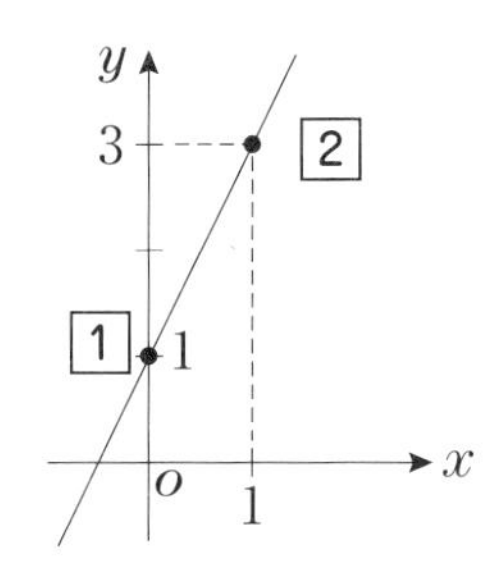

1 点 $(0、b)$ を通る

$x = 0$ のとき $y = b$ を通ります。
$y = 2x + 1$ の場合（0、1）を通ります。

2 点 $(1、a + b)$ を通る

$x = 1$ のとき $y = a + b$ を通ります。
$y = 2x + 1$ の場合、(1、3) を通ります。

$ax + by + c = 0$ のグラフ

【例】 $2x - 3y + 1 = 0$

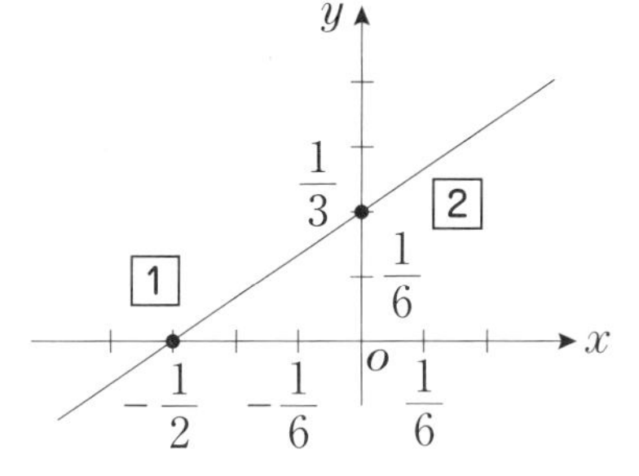

1 x 切片を求める

$y = 0$ のときの x の値を求めます。
$2x - 3y + 1 = 0$ の場合、$(-\frac{1}{2}、0)$
を通ります。

2 y 切片を求める

$x = 0$ のときの y の値を求めます。
$2x - 3y + 1 = 0$ の場合、$(0、\frac{1}{3})$ を通ります。

「x 切片」「y 切片」とは？

x 切片とは $y = 0$ のときの x の値、y 切片とは $x = 0$ のときの y の値です。x 切片や y 切片は、x や y に 0 を代入すれば求められるのでグラフをかくときに役立ちます。

- 1次関数のグラフは直線となる
- 変化の割合（xが1増加したときのyの増加量）は直線の傾き

タイム　　分　秒

合計　　／100点

復習ドリル

基本問題 グラフをかきましょう。

（目標 3分／各10点）

① $y = 3x$

② $y = 2x + 1$

③ $y = -x - 2$

④ $y = -\frac{1}{2}x + 2$

⑤ $y = \frac{4}{3}x$

⑥ $y = \frac{5}{7}x$

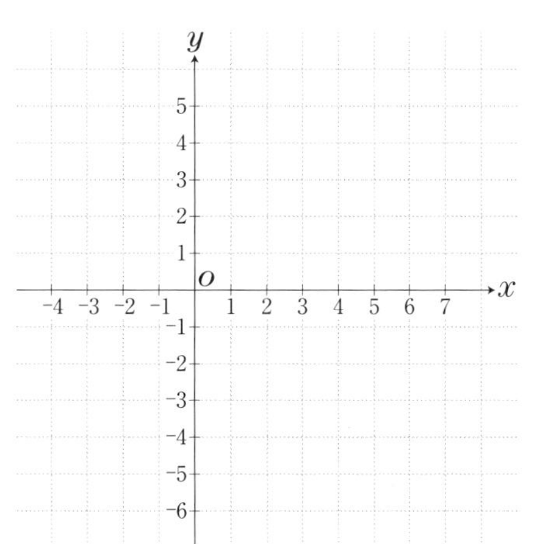

応用問題 グラフをかきましょう。

（目標 2分／各10点）

① $2x + 3y = 0$

② $3x - 2y + 1 = 0$

③ $5x + 4y - 3 = 0$

④ $-2x + 6y = 4$

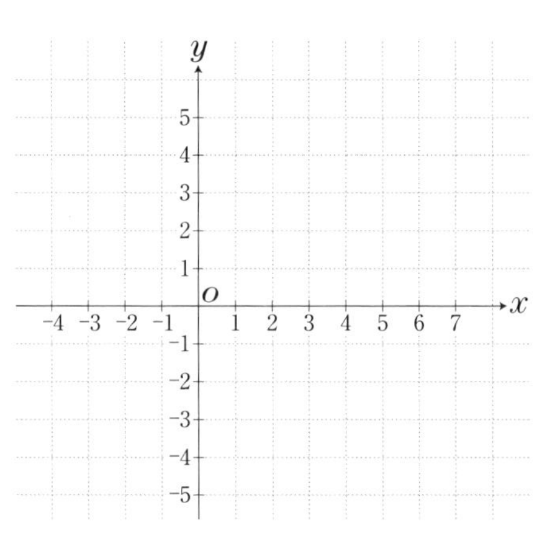

解　答

●基本問題

① 例:(0、0)と(1、3)を通る

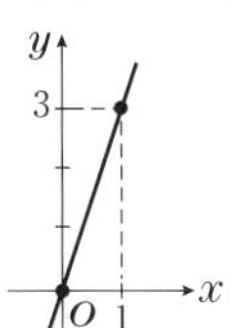

② 例:(0、1)と(1、3)を通る

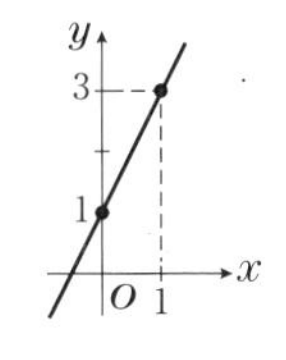

③ 例:(0、−2)と(−2、0)を通る

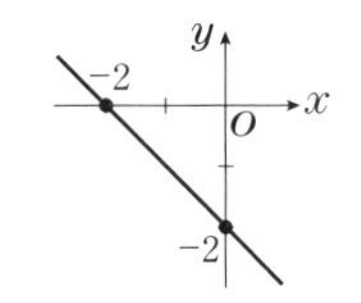

④ 例:(0、2)と(2、1)を通る

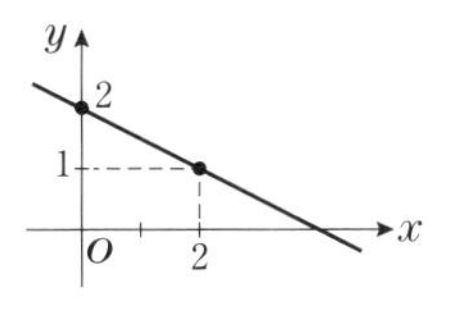

⑤ 例:(0、0)と(3、4)を通る

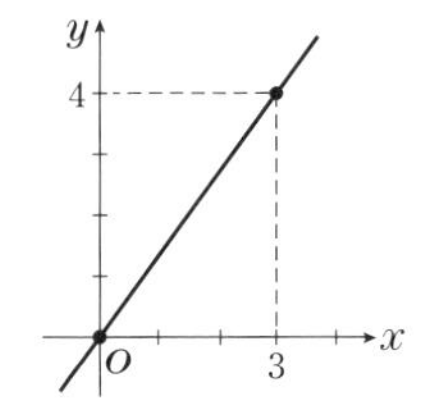

⑥ 例:(0、0)と(7、5)を通る

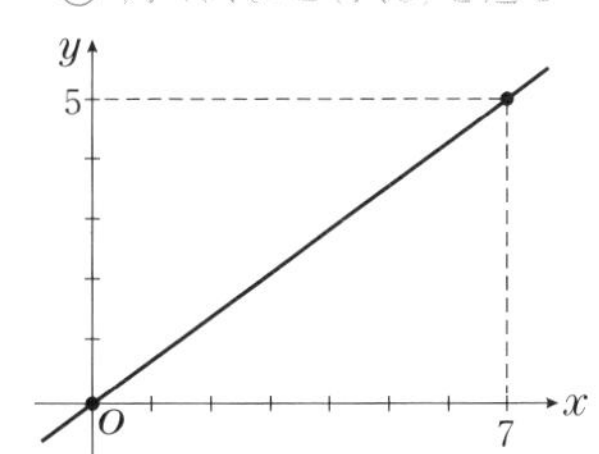

●応用問題

① $y=-\frac{2}{3}x$と変形する

例:(0、0)と(3、−2)を通る

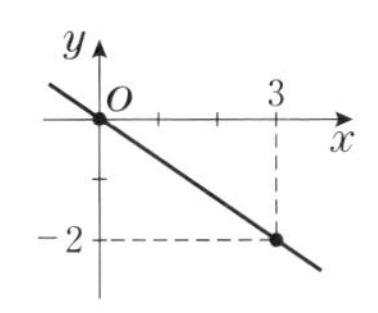

② $y=\frac{3}{2}x+\frac{1}{2}$と変形する

例:(1、2)と(−1、−1)を通る

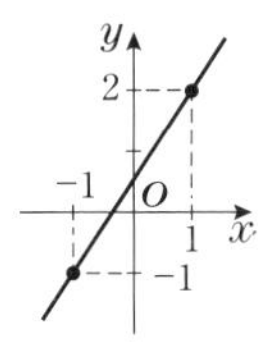

③ $y=-\frac{5}{4}x+\frac{3}{4}$と変形する

例:(3、−3)と(−1、2)を通る

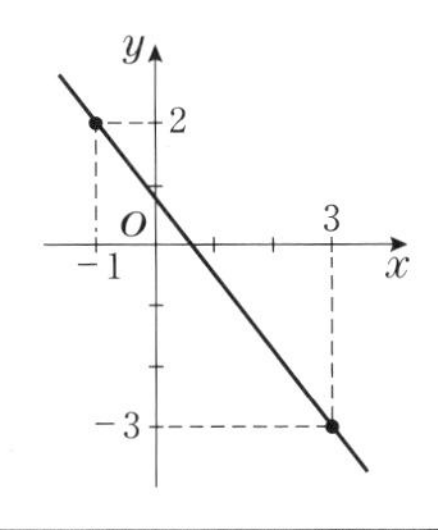

④ $y=\frac{1}{3}x+\frac{2}{3}$と変形する

例:(1、1)と(−2、0)を通る

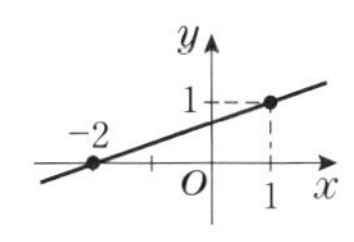

中学校の数学

10日目

もっとも基本的な方程式・不等式

1次方程式・1次不等式

方程式という言葉は中国の「九章算術」に登場しました。方程式は「等号(=)」、不等式は「不等号(<、>、≦、≧)」を使います。答えが式の条件を満たすか確かめながら解きましょう。方程式の世界がここから始まります。

1 次方程式

方程式はどんな値を与えても成り立つわけではありません。ある特定の値を与えたときにだけ成り立ちます。その値を求めることを「方程式を解く」といい、その値を「方程式の解」といいます。

1 式を展開する

2 x の項を左辺に、定数項を右辺にまとめる

定数項を右辺に、x の項を左辺に移項した場合、プラスとマイナスが逆になります。

3 x の値を求める

$$2(x-1)=5x+1$$
$$2x-2=5x+1$$
$$(2-5)x=1+2$$
$$-3x=3$$
$$x=\frac{3}{-3}$$
$$x=-1$$

移項したら符号は逆になる

答え $x=-1$

【例】次の方程式を解きましょう。

① $3(x-2)+2=-x+4$

$$3x-6+2=-x+4$$
$$(3+1)x=4+6-2$$
$$x=2$$

答え $x=2$

② $2x+7=3(-x+2)$

$$2x+7=-3x+6$$
$$(2+3)x=6-7$$
$$x=-\frac{1}{5}$$

答え $x=-\frac{1}{5}$

1次不等式

不等式は不等号（<、>、≦、≧）によって示されます。不等式の解き方は方程式と同じですが、両辺をマイナスをかける（わる）場合、不等号の向きは逆になります。

$x < 2$（x 小なり 2）　x は 2 よりも小さい数（2 は含まれません）
$x > 2$（x 大なり 2）　x は 2 よりも大きい数（2 は含まれません）
$x \leqq 2$（x 小なりイコール 2）　x は 2 以下の数（2 を含みます）
$x \geqq 2$（x 大なりイコール 2）　x は 2 以上の数（2 を含みます）

1 式を展開する

$-2x+3 \leqq 4(x+3)$

$-2x+3 \leqq 4x+12$

2 x の項を左辺、定数項を右辺にまとめる

定数項を右辺に、x の項を左辺に移項した場合、プラスとマイナスが逆になります。

$(-2-4)x \leqq 12-3$

$-6x \leqq 9$

3 x の値を求める

両辺をマイナスでわる場合、不等号の向きは逆になります。

$x \geqq -\frac{3}{2}$

答え　$x \geqq -\frac{3}{2}$

両辺を－6 でわったので不等号の向きは逆になる

【例】次の不等式を解きましょう。

① $2(x-1) \leqq 5(x+1)$

$2x-2 \leqq 5x+5$

$(2-5)x \leqq 5+2$

$-3x \leqq 7$

$x \geqq -\frac{7}{3}$

答え　$x \geqq -\frac{7}{3}$

② $3x-5 < -2(x+5)$

$3x-5 < -2x-10$

$(3+2)x < -10+5$

$5x < -5$

$x < -1$

両辺を 5 でわっているので不等号の向きは変わらない

答え　$x < -1$

- 1次方程式・1次不等式を解くときは x の項を左辺にまとめる
- 1次不等式は不等号の向きに気をつける

 日付　月　日（　）

復習ドリル

タイム　分　秒

合計　／100 点

基本問題 ヒントを参考に方程式・不等式を解きましょう。
（目標 3分／各 10 点）

① $5x-8=3x-4$

（　　　）$x=-4+8$

② $4(2x-3)+7=19$

$x=19+12-7$

③ $2(x-3)=3(x+2)$

（　　　）$x=6+6$

④ $27-15x \geqq 24x-51$

（　　　）$x \geqq -51-27$

⑤ $5x<-3(x+2)+2$

（　　　）$x<-6+2$

⑥ $3(2x-1)>4x-7$

（　　　）$x>-7+3$

応用問題　方程式・不等式を解きましょう。

（目標 2分／各 10点）

① $2(-3x+2)=5x+3(2-x)$　② $0.3x+0.5=1.5x-1.9$

③ $7(x-4)\leqq 5(2x-3)+8$　④ $\frac{1}{2}+\frac{1}{4}x>-\frac{2}{3}x-\frac{3}{5}$

解　答

●基本問題

① $5x-8=3x-4$

$(5-3)x=-4+8$

$x=2$

② $4(2x-3)+7=19$

$8x=19+12-7$

$x=3$

③ $2(x-3)=3(x+2)$

$(2-3)x=6+6$

$x=-12$

④ $27-15x\geqq 24x-51$

$(-15-24)x\geqq -51-27$

$x\leqq 2$

⑤ $5x<-3(x+2)+2$

$(5+3)x<-6+2$

$x<-\frac{1}{2}$

⑥ $3(2x-1)>4x-7$

$(6-4)x>-7+3$

$x>-2$

●応用問題

① $2(-3x+2)=5x+3(2-x)$

$(-6-5+3)x=6-4$

$x=-\frac{1}{4}$

② $0.3x+0.5=1.5x-1.9$

$(0.3-1.5)x=-1.9-0.5$

$x=2$

③ $7(x-4)\leqq 5(2x-3)+8$

$(7-10)x\leqq -7+28$

$x\geqq -7$

④ $\frac{1}{2}+\frac{1}{4}x>-\frac{2}{3}x-\frac{3}{5}$

$\frac{11}{12}x>-\frac{11}{10}$

$x>-\frac{6}{5}$

2つの方程式を同時に満たす

連立方程式

連立方程式は、2つの量について成り立つ条件を考え、それを解く問題です。和算の鶴亀算と同じです。2つの条件（方程式）を同時に満たすx、yの値を求めることを、連立方程式を解くといいます。

連立方程式の基本

「連立方程式を解く」ということは、「2つの方程式を同時に満たすxとyの値を求める」という意味です。計算で解く方法には、代入法と加減法の2つがあります。

解き方① 代入法

連立方程式のどちらかの式でxまたはyの係数が1や−1の場合、「$x=$〜、$y=$〜」の形にして代入法で解くと簡単です。

式①のyの係数が1

1 $x=$〜、$y=$〜の形に直す

式①のyの係数が1なので代入法で解きます。式①を$y=$〜の形に直します。

2 もう片方の式に代入する

式②に代入すると、yの項が消えてxと数の項だけが残ります。

3 2の解を1の式に代入する

$$\begin{cases} 2x+y-1=0 & \cdots\cdots ① \\ 3x-2y-5=0 & \cdots\cdots ② \end{cases}$$

①より　$y=-2x+1$ ……①′

①′を②に代入すると

$$3x-2(-2x+1)-5=0$$
$$(3+4)x-2-5=0$$
$$x=1$$

$x=1$を①′に代入すると

$y=-2\times1+1$

$y=-1$

答え　$x=1$、$y=-1$

解き方② 加減法

代入法で解くと分数が出てきて計算が面倒になる場合は、加減法を用います。加減法は式どうしをたす（ひく）ことで x または y の項を消して解を求める方法です。どちらを消すことも可能です。

1 2つの式から x または y を消す

x を消すために、x の係数を揃えます。x の係数が2と3なので最小公倍数は6。式①を3倍、式②を2倍にしてひくと、x の項が消えて y と数の項だけが残ります。

$$\begin{cases} 2x-3y+3=0 & \cdots\cdots ① \\ 3x-4y+5=0 & \cdots\cdots ② \end{cases}$$

$$\begin{array}{lrl} ①\times3 & 6x-9y+9 & =0 \\ ②\times2 & -)\ 6x-8y+10 & =0 \\ \hline & -y\ \ -1 & =0 \\ & y & =-1 \end{array}$$

x を消すために、x の係数を同じにする

2 もう一方の式に代入する

求めた y の値を①か②のどちらかの式に代入して x の値を求めます。

$y=-1$ を①に代入すると

$$2x-3\times(-1)+3=0$$
$$2x+3+3=0$$
$$2x=-6$$
$$x=-3$$

答え　$x=-3$、$y=-1$

グラフからも解が求まる

連立方程式をグラフで表すと2本の直線となり、その交点が連立方程式の解となります。代入法で解いた問題を、グラフで解いてみましょう。

$$\begin{cases} 2x+y-1=0 & \cdots\cdots ① \\ 3x-2y-5=0 & \cdots\cdots ② \end{cases}$$

①より　$y=-2x+1$

②より　$y=\dfrac{3}{2}x-\dfrac{5}{2}$

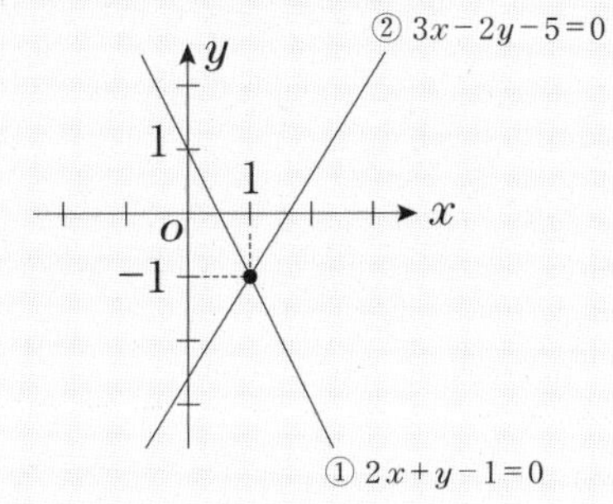

グラフで表すと、交点は(1、−1)となる。

よって　$x=1$、$y=-1$

- 連立方程式の解き方には代入法と加減法がある
- 代入法と加減法のどちらが簡単に解けるかを考える

中学校
連立方程式

11日目 連立方程式　日付　月　日（　）

復習ドリル

タイム　分　秒　　合計　／100点

基本問題 ヒントを参考に連立方程式を解きましょう。
（目標 3分／各 15点）

① $\begin{cases} x-y=3 \cdots\cdots \boxed{1} \\ x+y=7 \cdots\cdots \boxed{2} \end{cases}$

$\boxed{1}$ $\quad x-y=3$
$\boxed{2}$ $-)\ x+y=7$

② $\begin{cases} 3x-2y=4 \cdots\cdots \boxed{1} \\ -x+2y=8 \cdots\cdots \boxed{2} \end{cases}$

$\boxed{1}$ $\quad 3x-2y=4$
$\boxed{2}$ $+)\ -x+2y=8$

③ $\begin{cases} -x+3y=6 \cdots\cdots \boxed{1} \\ 2x-y=8 \cdots\cdots \boxed{2} \end{cases}$

$\boxed{2}$より $y=2x-8 \cdots\cdots \boxed{2}'$

④ $\begin{cases} x-2y=3 \cdots\cdots \boxed{1} \\ 3x+4y=-1 \cdots\cdots \boxed{2} \end{cases}$

$\boxed{1}$より $x=2y+3 \cdots\cdots \boxed{1}'$

応用問題　連立方程式を解きましょう。
（目標 2分／各20点）

① $\begin{cases} 2x+3y=1 \cdots\cdots 1 \\ 3x+4y=4 \cdots\cdots 2 \end{cases}$

② $\begin{cases} -3x+5y=4 \cdots\cdots 1 \\ 5x-7y=4 \cdots\cdots 2 \end{cases}$

解　答

●基本問題

① 1　$x-y=3$
2　$-)\ x+y=7$
$-2y=-4$
$y=2$
$y=2$を1に代入して
$x-2=3$
$x=5$

② 1　$3x-2y=4$
2　$+)\ -x+2y=8$
$2x=12$
$x=6$
$x=6$を2に代入して
$-6+2y=8$
$y=7$

③ 2より $y=2x-8$ ……2′
2′を1に代入して
$-x+3(2x-8)=6$
$x=6$
$x=6$を2′に代入して
$y=2\times6-8=4$

④ 1より $x=2y+3$ …… 1′
1′を2に代入して
$3(2y+3)+4y=-1$
$y=-1$
$y=-1$を1′に代入して
$x=2\times(-1)+3=1$

●応用問題

① 1×3　$6x+9y=3$
2×2　$-)\ 6x+8y=8$
$y=-5$
$y=-5$を1に代入して
$2x+3\times(-5)=1$
$x=8$

② 1×　$-15x+25y=20$
2×3　$+)\ 15x-21y=12$
$4y=32$
$y=8$
$y=8$を1に代入して
$-3x+5\times8=4$
$x=12$

中学校の数学

12日目 文字式をゲーム感覚で自在に操る 展開・因数分解①

因数分解と聞くだけで難しく感じる方もいるでしょう。展開と因数分解は「文字式で遊ぶゲーム」だと思ってください。式を自在に操り「見た目は違っても実は同じ式だ!」ということに気づくことが、数学では大切です。

展開と因数分解の基本

式の（　）をはずすことを展開、逆に（　）を使った式にまとめることを因数分解といいます。式の展開と因数分解はセットにして覚えましょう。

$(x+2)(x-1)$ →（（　）をはずす 展開）→ x^2+x-2

x^2+x-2 →（因数分解（　）を使った式にまとめる）→ $(x+2)(x-1)$

$(x+2)$：因数　$(x-1)$：因数

公式

（左辺 → 右辺：展開、右辺 → 左辺：因数分解）

1. $m(x+a) = mx+ma$
2. $(x+a)^2 = x^2+2ax+a^2$
   $(x-a)^2 = x^2-2ax+a^2$
3. $(x+a)(x-a) = x^2-a^2$
4. $(x+a)(x+b) = x^2+(a+b)x+ab$
5. $(ax+b)(cx+d) = acx^2+(ad+bc)x+bd$

たすきがけのコツ

因数分解のコツはたすきがけ。もっとも一般的な $acx^2+(ad+bc)x+bd=(ax+b)(cx+d)$ のたすきがけを紹介します。x^2 の係数（ac）、定数項（bd）の値を満たすかけ算の組合せは数パターンあります。どの組合せが正しいかは、x の係数（$ad+bc$）の値で判断しましょう。

1 x^2 の係数を確認する

x^2 の係数 $=a\times c$ の値です。

2 定数項を確認する

定数項 $=b\times d$ の値です。

3 たすきがけで x の係数を確認する

すべての組合せでたすきがけをしてみて、x の係数 $=ad+bc$ となる組合わせが答えです。

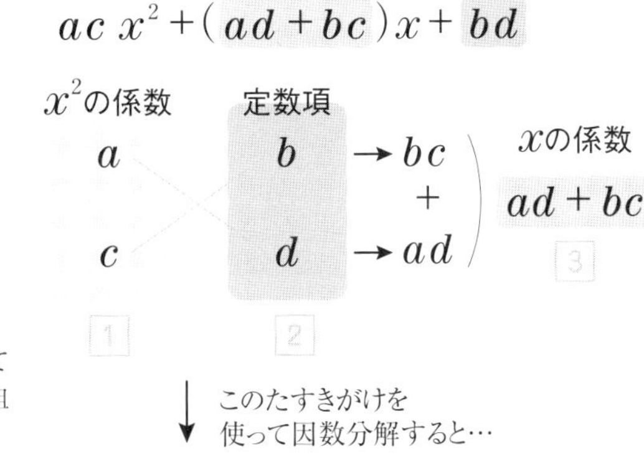

【例】 次の因数分解をしましょう。

① $x^2-2x-15$

1	3	→ 3	
		+	−2
1	−5	→ −5	
1	−3	→ −3	
		+	2
1	5	→ 5	

これが答えとなるたすきがけ

答え　$(x+3)(x-5)$

② $3x^2+7x+2$

3	2	→ 2	
		+	5
1	1	→ 3	
3	1	→ 1	
		+	7
1	2	→ 6	

これが答えとなるたすきがけ

答え　$(3x+1)(x+2)$

- 式の展開と因数分解はセットで覚える
- 因数分解の基本はたすきがけ

復習ドリル

タイム　　分　　秒　　合計　　／100点

基本問題 ヒントを参考に式を展開しましょう。
（目標 3分／各10点）

① $3(x+8)$

② $(x+5)^2$

$= x^2 + 2\times\square x + 5^2$

③ $(x-3)(x+3)$

$= x^2 - \square^2$

④ $(x+1)(x-4)$

$= x^2 + (\qquad)x + 1\times(-4)$

⑤ $(2x-1)(x+9)$

$= 2x^2 + (\qquad)x + (-1)\times 9$

⑥ $(3x+7)(2x-3)$

$= 6x^2 + (\qquad)x - 21$

応用問題 式を因数分解しましょう。
(目標 2分／各 10点)

① $x^2+12x+36$

② x^2-x-20

③ $6x^2+11x-10$

④ $8x^2-26x-7$

中学校
展開・因数分解①

解答

●基本問題

① $3(x+8)=3x+24$

② $(x+5)^2$
$=x^2+2\times5x+5^2$
$=x^2+10x+25$

③ $(x-3)(x+3)$
$=x^2-3^2$
$=x^2-9$

④ $(x+1)(x-4)$
$=x^2+(1-4)x+1\times(-4)$
$=x^2-3x-4$

⑤ $(2x-1)(x+9)$
$=2x^2+(18-1)x+(-1)\times9$
$=2x^2+17x-9$

⑥ $(3x+7)(2x-3)$
$=6x^2+(-9+14)x-21$
$=6x^2+5x-21$

●応用問題

① $x^2+12x+36=(x+6)^2$

1 ╲╱ 6 → 6
1 ╱╲ 6 → 6
$6+6=12$

② $x^2-x-20=(x+4)(x-5)$

1 ╲╱ 4 → 4
1 ╱╲ −5 → −5
$4+(-5)=-1$

③ $6x^2+11x-10=(3x-2)(2x+5)$

3 ╲╱ −2 → −4
2 ╱╲ 5 → 15
$-4+15=11$

④ $8x^2-26x-7=(4x+1)(2x-7)$

4 ╲╱ 1 → 2
2 ╱╲ −7 → −28
$2+(-28)=-26$

人間にとってなじみの深い√の世界

√の計算

√で表される数は、特別な数ではありません。例えば、建築や美術に見られる人間が美しいと感じる比率は $1:\frac{1+\sqrt{5}}{2}$（黄金比）というように√が潜んでいます。このように√は身近な数なのです。

平方根と√の基本

$a^2=b$ のとき、a は b の平方根であるといいます。平方根には正と負の2つがあります。例えば $3^2=9$、$(-3)^2=9$ なので3と−3は9の平方根です。このうち正の平方根3を $\sqrt{9}$（ルート9）、負の平方根−3を $-\sqrt{9}$ と表します。

ルール

$a^2=b$ ならば $\sqrt{b}=a$　（a、b は正の数）

√の中を簡単にする、分母を有理化する

「√の中を簡単にする」とは、√の中の数をできるだけ小さくすることです。ポイントは√の中の数を2乗の数を使って表すことです。
「分母を有理化する」とは分母に√が入っていない形に直すことです。有理化するには、分母と同じ数を分子と分母にかけます。

【例】

① $\sqrt{8}$ を簡単にしましょう。

$\sqrt{8}=\sqrt{2^2\times2}$　√の中を簡単にする

$=2\sqrt{2}$

答え　$2\sqrt{2}$

② $\frac{1}{\sqrt{2}}$ の分母を有理化しましょう。

$\frac{1}{\sqrt{2}}=\frac{1\times\sqrt{2}}{\sqrt{2}\times\sqrt{2}}$　分母を有理化する

$=\frac{\sqrt{2}}{2}$

答え　$\frac{\sqrt{2}}{2}$

たし算・ひき算

まず√の中を簡単にします。分母に√が入っている場合は分母の有理化を行いましょう。その後、同じ平方根どうしを計算します。

1 √の中を簡単にするまたは有理化する

「√の中を簡単にする」「分母を有理化する」と同じ平方根の項があらわれる場合があります。

2 同じ平方根どうしをまとめる

$$\sqrt{32}-\sqrt{8}+\sqrt{12}+\frac{1}{\sqrt{3}}$$

$$=\sqrt{4^2\times 2}-\sqrt{2^2\times 2}+\sqrt{2^2\times 3}+\frac{1\times\sqrt{3}}{\sqrt{3}\times\sqrt{3}}$$

$$=4\sqrt{2}-2\sqrt{2}+2\sqrt{3}+\frac{\sqrt{3}}{3}$$

同じ仲間が見えてくる

$$=2\sqrt{2}+\frac{7\sqrt{3}}{3}$$

答え $2\sqrt{2}+\frac{7\sqrt{3}}{3}$

かけ算・わり算

かけ算・わり算のルール

$a>0$、$b>0$のとき

$$\sqrt{a}\times\sqrt{b}=\sqrt{ab}$$

$$\sqrt{a}\div\sqrt{b}=\frac{\sqrt{a}}{\sqrt{b}}=\sqrt{\frac{a}{b}}$$

1 √の中をまとめる

2 √の中を簡単にする

計算をする前に2乗になるものどうしをまとめると、計算がラクになります。

$$\sqrt{15}\times 2\sqrt{5}=2\sqrt{15\times 5}$$

$15=5\times 3$

$$=2\sqrt{5\times 3\times 5}$$

$$=2\sqrt{5^2\times 3}$$

$$=10\sqrt{3}$$

$2\times 5=10$

答え $10\sqrt{3}$

- たし算・ひき算は同じ平方根どうしを計算する
- かけ算・わり算は計算した後、√の中を簡単にする

復習ドリル

タイム　分　秒　合計　／100点

基本問題 ヒントを参考に計算をしましょう。
（目標 3分／各10点）

① $\sqrt{2}+\sqrt{8}$

$=\sqrt{2}+\sqrt{\square^2\times2}$

② $\sqrt{27}-\sqrt{3}-\sqrt{48}$

$=\sqrt{\square^2\times3}-\sqrt{3}-\sqrt{\square^2\times3}$

③ $2\sqrt{6}\times3\sqrt{2}$

$=2\times3\sqrt{\square\times\square}$

④ $\sqrt{3}\times2\sqrt{2}\times\sqrt{15}$

$=2\sqrt{\square\times\square\times\square}$

⑤ $4\sqrt{6}\div\sqrt{18}\times\sqrt{27}$

$=4\sqrt{\dfrac{\square\times\square}{\square}}$

⑥ $2\sqrt{14}\times\sqrt{15}\div5\sqrt{21}$

$=\dfrac{2}{5}\sqrt{\dfrac{\square\times\square}{\square}}$

応用問題 計算をしましょう。

（目標 2分／各10点）

① $5\sqrt{6}-\sqrt{12}+\sqrt{24}+4\sqrt{3}$

② $2\sqrt{3}\times\sqrt{6}-\dfrac{1}{3\sqrt{2}}$

③ $2\sqrt{8}+\sqrt{32}-\dfrac{6}{\sqrt{2}}$

④ $\sqrt{27}+\sqrt{32}-\sqrt{12}+\dfrac{1}{\sqrt{2}}$

解　答

●基本問題

① $\sqrt{2}+\sqrt{8}$
$=\sqrt{2}+\sqrt{2^2\times2}$
$=3\sqrt{2}$

② $\sqrt{27}-\sqrt{3}-\sqrt{48}$
$=\sqrt{3^2\times3}-\sqrt{3}-\sqrt{4^2\times3}$
$=-2\sqrt{3}$

③ $2\sqrt{6}\times3\sqrt{2}$
$=2\times3\sqrt{6\times2}$
$=12\sqrt{3}$

④ $\sqrt{3}\times2\sqrt{2}\times\sqrt{15}$
$=2\sqrt{3\times2\times15}$
$=6\sqrt{10}$

⑤ $4\sqrt{6}\div\sqrt{18}\times\sqrt{27}$
$=4\sqrt{\dfrac{6\times27}{18}}$
$=12$

⑥ $2\sqrt{14}\times\sqrt{15}\div5\sqrt{21}$
$=\dfrac{2}{5}\sqrt{\dfrac{14\times15}{21}}$
$=\dfrac{2}{5}\sqrt{10}$

●応用問題

① $5\sqrt{6}-\sqrt{12}+\sqrt{24}+4\sqrt{3}$
$=5\sqrt{6}-\sqrt{2^2\times3}+\sqrt{2^2\times6}+4\sqrt{3}$
$=7\sqrt{6}+2\sqrt{3}$

② $2\sqrt{3}\times\sqrt{6}-\dfrac{1}{3\sqrt{2}}=6\sqrt{2}-\dfrac{\sqrt{2}}{3\sqrt{2}\times\sqrt{2}}$
$=\dfrac{35}{6}\sqrt{2}$

③ $2\sqrt{8}+\sqrt{32}-\dfrac{6}{\sqrt{2}}$
$=2\sqrt{2^2\times2}+\sqrt{4^2\times2}-\dfrac{6\sqrt{2}}{2}$
$=5\sqrt{2}$

④ $\sqrt{27}+\sqrt{32}-\sqrt{12}+\dfrac{1}{\sqrt{2}}$
$=\sqrt{3^2\times3}+\sqrt{4^2\times2}-\sqrt{2^2\times3}+\dfrac{\sqrt{2}}{2}$
$=\sqrt{3}+\dfrac{9}{2}\sqrt{2}$

「因数分解」がマスターの基本

2次方程式

「2次」とは x^2 の指数 2を示し、x の最高次数が 2である方程式のことを 2次方程式といいます。方程式を解くポイントは「因数分解」すること。パッと見て因数分解の形が見えてくるようになったら 2次方程式はばっちりです!

2次方程式の基本

2次方程式とは（x の 2次式）= 0 で表される方程式のことです。
2次方程式の解は√の計算または因数分解などを使って求めます。

$ax^2 = b$

もっとも基本的な 2次方程式の形です。x^2 = ～の形に直し、√を使って解きます。解は＋と－の 2つあります。

【例】 方程式を解きましょう。

① $x^2=5$

解は＋と－の2つある

$x=\pm\sqrt{5}$

答え $x=\pm\sqrt{5}$

② $4x^2-3=0$

$4x^2=3$

$x^2=\dfrac{3}{4}$

$x=\pm\sqrt{\dfrac{3}{4}}$

$x=\pm\dfrac{\sqrt{3}}{2}$

答え $x=\pm\dfrac{\sqrt{3}}{2}$

$ax^2 + bx = 0$

共通項 x でくくり $x(ax+b)=0$ の形に直します。$x=0$ または $ax+b=0$ となる x の値が解です。

【例】 方程式を解きましょう。

① $x^2 - x = 0$

（$x-1=0$ ということは $x=1$）

$x(x-1)=0$

$x=0$ または $x-1=0$、$x=1$

答え　$x=0$、1

② $-2x^2+3x=0$

（$2x-3=0$ ということは $x=\frac{3}{2}$）

$-x(2x-3)=0$

$x=0$ または $2x-3=0$、$x=\frac{3}{2}$

答え　$x=0$、$\frac{3}{2}$

$ax^2+bx+c=0$

左辺を因数分解します（因数分解のやり方は12日目を復習しましょう）。

【例】 方程式を解きましょう。

① $x^2-2x-15=0$

$$\begin{array}{cccc} 1 & 3 & \to & 3 \\ & & & + \\ 1 & -5 & \to & -5 \end{array} \Big) -2$$

$(x+3)(x-5)=0$

$x+3=0$ または $x-5=0$

答え　$x=-3$、5

② $2x^2=5x+3$

$2x^2-5x-3=0$

$$\begin{array}{cccc} 2 & 1 & \to & 1 \\ & & & + \\ 1 & -3 & \to & -6 \end{array} \Big) -5$$

$(2x+1)(x-3)=0$

$2x+1=0$ または $x-3=0$

答え　$x=-\frac{1}{2}$、3

xの2次式をグラフで表すと…？

x の2次式をグラフで表すと、グラフは放物線を描きます。x^2 の係数が正のときは下に凸、負のときは上に凸の形になります。また y の値が 0 になるときの x の値が x の2次方程式の解となります。

$y=x^2-5$のグラフ（$-\sqrt{5}$、$\sqrt{5}$、x）下に凸

$y=-x^2+5$のグラフ（$-\sqrt{5}$、$\sqrt{5}$、x）上に凸

● 2次方程式は因数分解などを利用して解く

復習ドリル

タイム　分　秒　合計　／100点

基本問題 ヒントを参考に方程式を解きましょう。
（目標 3分／各10点）

① $x^2=4$

$x=\pm\sqrt{\square^2}$

② $9x^2-7=0$

$x^2=\dfrac{\square}{\square}$

③ $x^2=-3x$

$x^2+3x=0$

$x(x+\square)=0$

④ $3x^2+x=0$

$x(\square x+\square)=0$

⑤ $x^2-11x+24=0$

1 ╲╱ $-3\to-3$
1 ╱╲ $\square\to\square$
（$-3+\square=-11$）

⑥ $x^2-x-12=0$

1 ╲╱ $\square\to\square$
1 ╱╲ $-4\to-4$
（$\square+(-4)=-1$）

応用問題 方程式を解きましょう。
(目標 2分/各10点)

① $3x^2+4x+1=0$

② $2x^2+x-6=0$

③ $4x^2+8x-21=0$

④ $6x^2-11x-10=0$

解答

●基本問題

① $x^2=4$
$x=\pm\sqrt{2^2}$
$x=\pm2$

② $9x^2-7=0$
$x^2=\frac{7}{9}$
$x=\pm\frac{\sqrt{7}}{3}$

③ $x^2=-3x$
$x^2+3x=0$
$x(x+3)=0$
$x=0$、-3

④ $3x^2+x=0$
$x(3x+1)=0$
$x=0$、$-\frac{1}{3}$

⑤ 1 1 ╳ −3 → −3、−8 → −8 (+) −11
$(x-3)(x-8)=0$
$x=3$、8

⑥ 1 1 ╳ 3 → 3、−4 → −4 (+) −1
$(x+3)(x-4)=0$
$x=-3$、4

●応用問題

① 3 1 ╳ 1 1) 4
$(3x+1)(x+1)=0$
$x=-\frac{1}{3}$、-1

② 1 2 ╳ 2 −3) 1
$(x+2)(2x-3)=0$
$x=-2$、$\frac{3}{2}$

③ 2 2 ╳ 7 −3) 8
$(2x+7)(2x-3)=0$
$x=-\frac{7}{2}$、$\frac{3}{2}$

④ 3 2 ╳ 2 −5) −11
$(3x+2)(2x-5)=0$
$x=-\frac{2}{3}$、$\frac{5}{2}$

美しい法則が潜む、角度の関係

図形の角度

図形には、それぞれ、美しく絶妙な「角度の法則」が成り立ちます。例えば三角形の内角の和は常に180°です。これはどんな形の三角形を描いても変わりません。角度を求めることを通して、図形の奥深さに触れましょう。

図形の角度

【三角形】

内角の和は180°

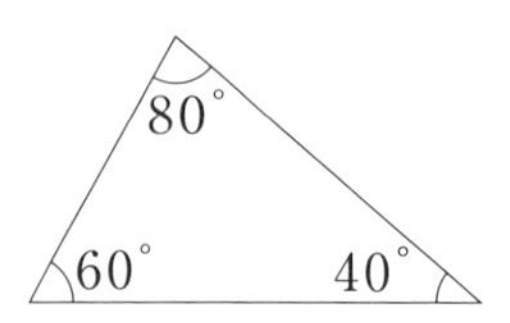

80° + 60° + 40° = 180°

【二等辺三角形】

内角の和は180°かつ
2つの底角が等しい

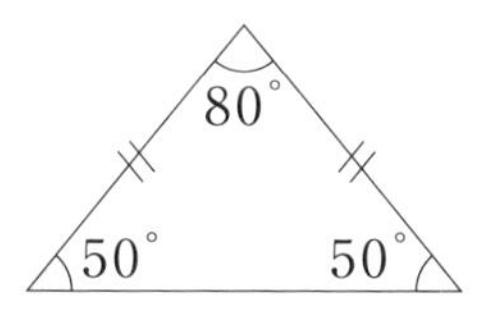

80° + 50° × 2 = 180°

【四角形】

内角の和は360°

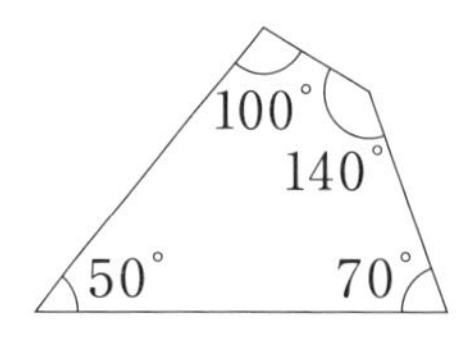

100° + 50° + 70° + 140° = 360°

【平行四辺形】

内角の和は360°かつ
2組の向かい合う角はそれぞれ等しい

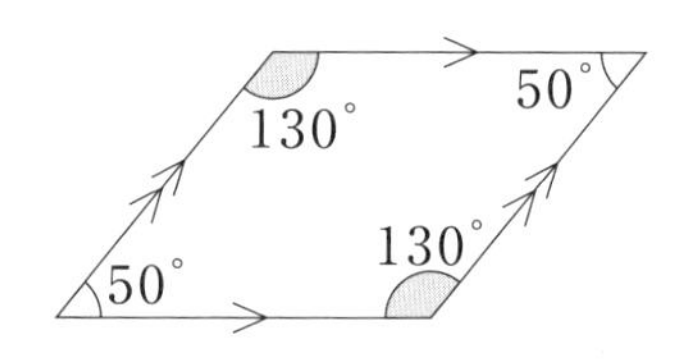

50° × 2 + 130° × 2 = 360°

【円に内接する四角形】

内角の和は360°かつ
向かい合う角の和は180°

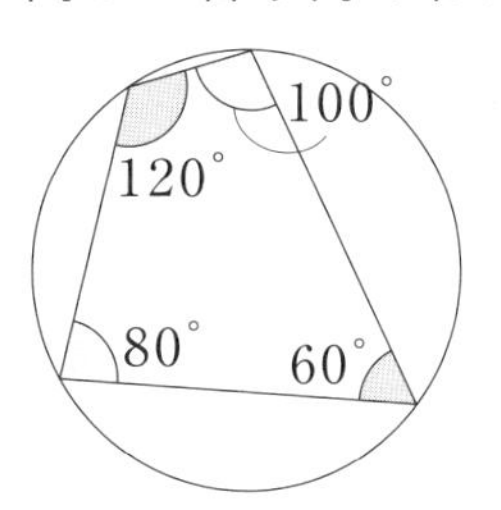

(120°＋60°)＋(80°＋100°)＝360°

【中心角と円周角】

中心角＝円周角×2

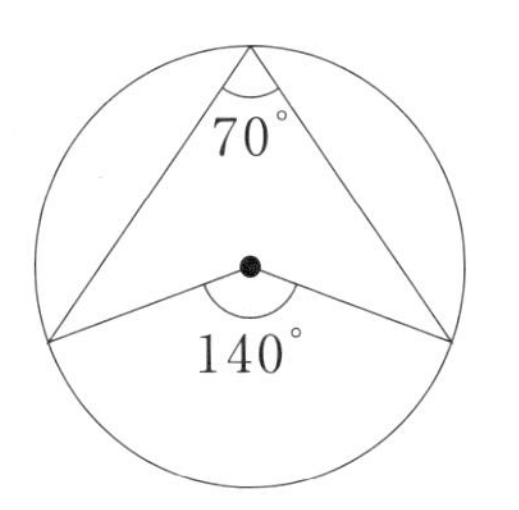

中心角140°＝円周角70°×2

【正 n 角形】

正 n 角形の内角の和　180°×(n−2)

正 n 角形の∠xの大きさ　$\frac{360°}{n}$

(正五角形)

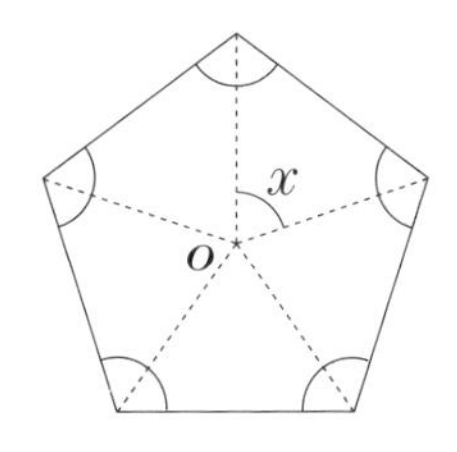

内角の和　180°×(5−2)＝540°

∠xの大きさ　$\frac{360°}{5}$＝72°

(正八角形)

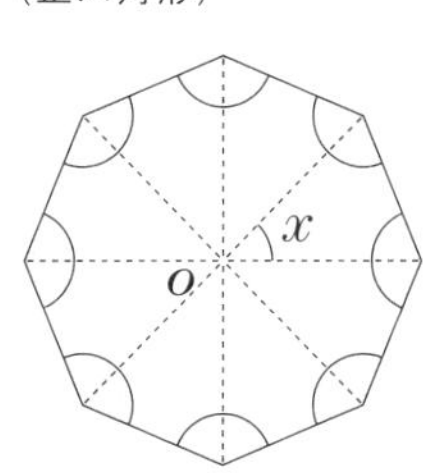

内角の和　180°×(8−2)＝1080°

∠xの大きさ　$\frac{360°}{8}$＝45°

【平行線の性質】

同位角は等しい

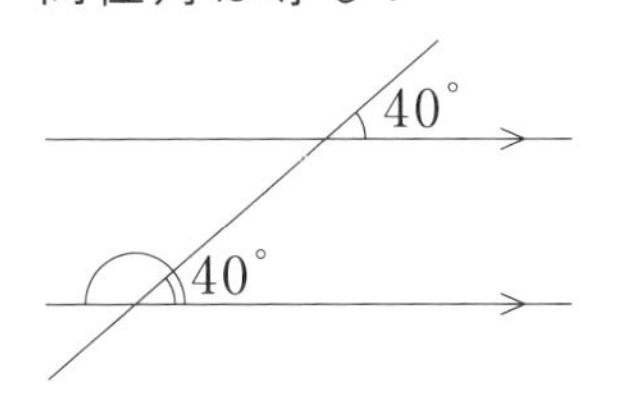

錯角は等しい

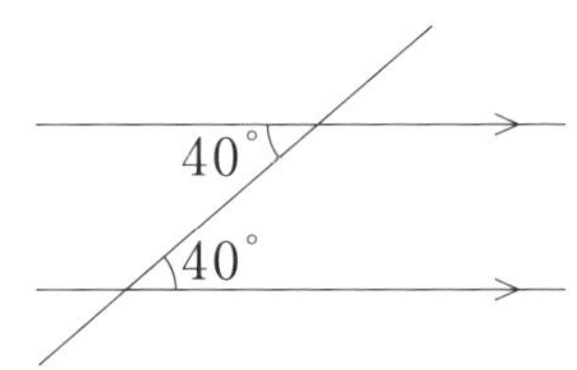

【対頂角の性質】

対頂角は等しい

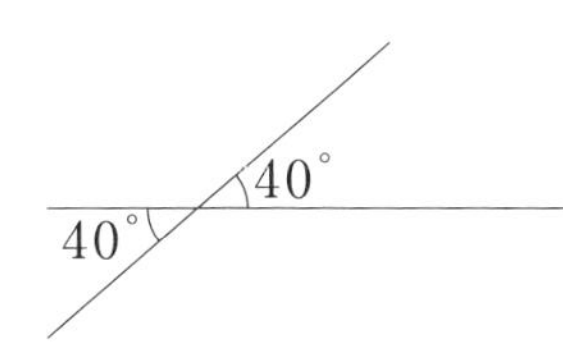

● **図形と角度の関係を覚えれば少ない手掛かりでも角度を求められる**

復習ドリル

タイム　分　秒

合計　／100点

基本問題 角度を求めましょう。
（目標 3分／各 10点）

① 三角形

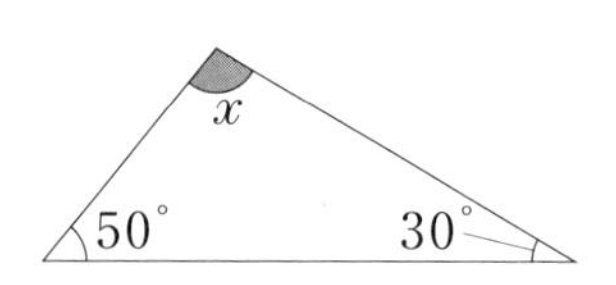

② 二等辺三角形

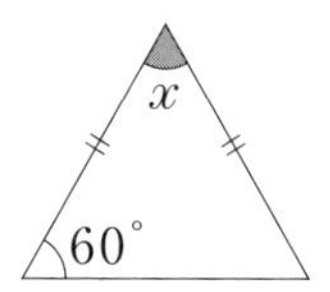

③ 四角形

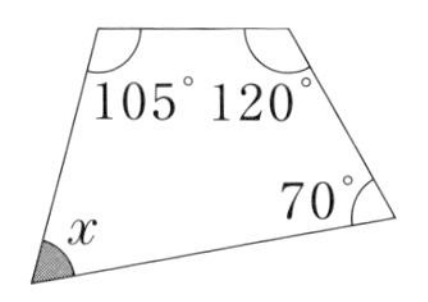

④ ひし形

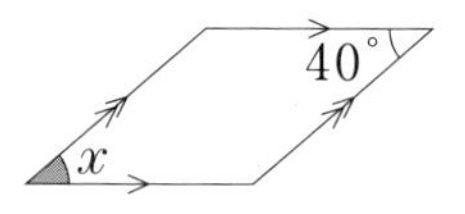

⑤ 円に内接する四角形

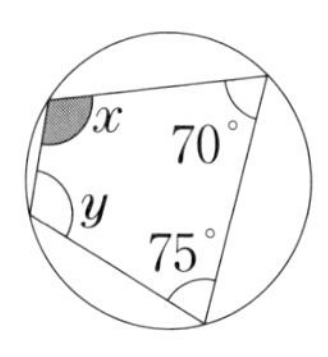

⑥ 中心角と円周角

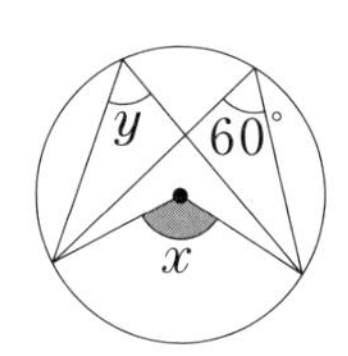

応用問題 角度を求めましょう。
（目標 2分／各 10点）

① 正六角形

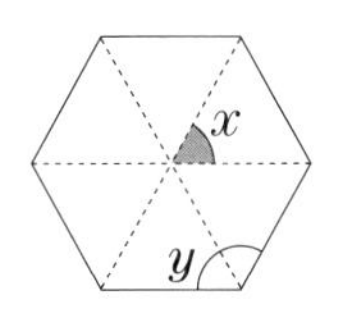

② 正十角形

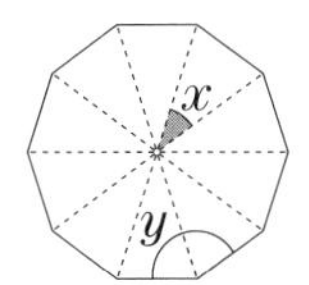

③

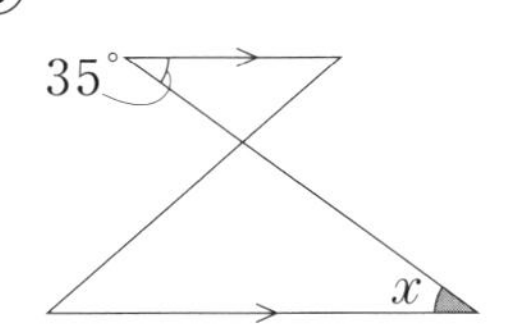

④

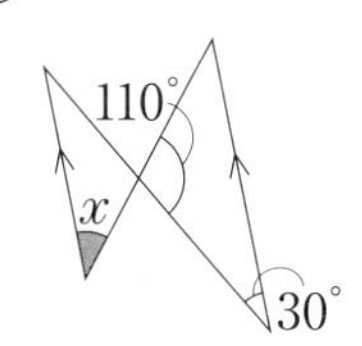

解　答

●基本問題

① $\angle x = 180° - (50° + 30°) = 100°$

② $\angle x = 180° - 60° \times 2 = 60°$

③ $\angle x = 360° - (70° + 120° + 105°) = 65°$

④ $\angle x = 40°$

⑤ $\angle x = 180° - 75° = 105°$
$\angle y = 180° - 70° = 110°$

⑥ $\angle x = 60° \times 2 = 120°$
$\angle y = 60°$

●応用問題

① $\angle x = \frac{360°}{6} = 60°$
$\angle y = \frac{180° \times (6-2)}{6} = 120°$

② $\angle x = \frac{360°}{10} = 36°$
$\angle y = \frac{180° \times (10-2)}{10} = 144°$

③ $\angle x = 35°$

④ $\angle x = 180° - (110° + 30°) = 40°$

円周率 π の計算方法

円周率を π と表すこと、値が約 3.14 であることは、既に皆さんもご存じのことでしょう。では円周率をどうやって求めるかをご存じでしょうか？

円周率の値は（円周の長さ）÷（円の直径）という計算で求められます。身の回りのものを使って円周率を調べてみましょう。いま、手元にある紙コップの口の周りの長さを測ってみると約 21cm、直径は約 7cm でした。$21 \div 7 = 3$ となり、円周率は約 3 であることが確かめられます。

しかし円周率を正確に求めようとしても、実際に円の直径や円周を測って求める方法では限界があります。それでは円周率 π の値はどうやって何桁も計算するのでしょうか。

四千年前から人類は円に潜む数〜円周率〜をいかに計算するかに挑戦してきました。その中のひとつに「円に内接する正 n 角形」を使って求める方法があります。正 n 角形は n の値が大きくなるにつれて円に近い形になるため、その周の長さも円周に近づきます。つまり n の値を大きくすることで円周率を正確に求めることができるのです。

そこで正 2^n 角形の周の長さを計算する公式を作りました。$n = 6$ のとき（$2^6 = 64$）は正 64 角形になり、$n = 15$ のとき（$2^{15} = 32768$）は正 32768 角形となります。公式を使うと以下のように平方根の計算を繰り返します。

正64角形　$2^5\sqrt{2-\sqrt{2+\sqrt{2+\sqrt{2+\sqrt{2}}}}} = \underline{3.14}033\cdots$

正32768角形　$2^{14}\sqrt{2-\sqrt{2+\sqrt{2+\sqrt{2+\sqrt{2+\sqrt{2+\cdots+\sqrt{2}}}}}}} = \underline{3.14159264}877\cdots$

円周率3.14以下が正確に求まっていく様子が分かります。

さらにインドの数学者ラマヌジャンは驚くべき公式を導き出しました。

$$\pi = \cfrac{1}{\cfrac{2\sqrt{2}}{9801}\displaystyle\sum_{n=0}^{\infty}\frac{(4n)!}{\{(4^n)\cdot(n!)\}^4}\cdot\frac{26390n+1103}{99^{4n}}}$$

これにより一千万桁以上の円周率が計算されました。
$\pi = 3.14159265358979323846264338 3279\cdots$
無限に続くその数の正体は、未だ解明されていません。人類の挑戦は果てしなく続きます。

第3章

高校の数学

式の中に「まとまり」を見つける

展開・因数分解②

高校で学ぶ「展開・因数分解」は、中学校で学んだ内容（12日目）をさらに応用させたものです。コツは「式の中にまとまりを見つけること」。公式と見比べながら、どのように式を変形させるかを勉強しましょう。

展開と因数分解の基本

中学校で習ったことをさらに応用させて展開・因数分解しましょう。

公式

展開 →（左辺から右辺）　因数分解 ←（右辺から左辺）

1. $(x+y)^3 = x^3+3x^2y+3xy^2+y^3$
   $(x-y)^3 = x^3-3x^2y+3xy^2-y^3$
2. $(x+y)(x^2-xy+y^2) = x^3+y^3$
   $(x-y)(x^2+xy+y^2) = x^3-y^3$
3. $(x^2+xy+y^2)(x^2-xy+y^2) = x^4+x^2y^2+y^4$
4. $(x+y+z)^2 = x^2+y^2+z^2+2xy+2yz+2zx$
5. $(x+y+z)(x^2+y^2+z^2-xy-yz-zx) = x^3+y^3+z^3-3xyz$

【例】 次の式を展開しましょう。

① $(2x+3y)^3$

公式1を使って展開する。

$2x$ と $3y$ をかたまりとして考える

$$(2x+3y)^3=(2x)^3+3(2x)^2(3y)+3(2x)(3y)^2+(3y)^3$$
$$=8x^3+36x^2y+54xy^2+27y^3$$

答え　$8x^3+36x^2y+54xy^2+27y^3$

② $(x-y+2z)^2$

公式4を使って展開する。

$$(x-y+2z)^2=\{x+(-y)+2z\}^2$$
$$=x^2+(-y)^2+(2z)^2+2x(-y)+2(-y)(2z)+2(2z)x$$
$$=x^2+y^2+4z^2-2xy-4yz+4zx$$

答え　$x^2+y^2+4z^2-2xy-4yz+4zx$

【例】 次の式を因数分解しましょう。

① x^3+8y^3

公式2を使って因数分解する。

$$x^3+8y^3=x^3+(2y)^3$$
$$=(x+2y)\{x^2-x(2y)+(2y)^2\}$$
$$=(x+2y)(x^2-2xy+4y^2)$$

答え　$(x+2y)(x^2-2xy+4y^2)$

② $x^3+y^3+6xy-8$

公式5を使って因数分解する。

$$x^3+y^3+6xy-8=x^3+y^3-8+6xy$$
$$=x^3+y^3+(-2)^3-3xy(-2)$$
$$=\{x+y+(-2)\}\{x^2+y^2+(-2)^2-xy-y(-2)-(-2)x\}$$
$$=(x+y-2)(x^2+y^2+4-xy+2y+2x)$$

答え　$(x+y-2)(x^2+y^2+4-xy+2y+2x)$

- **式の展開と因数分解はセットで覚える**
- **項のまとまりを見つけて公式に当てはめる**

高校　展開・因数分解②

復習ドリル

タイム　分　秒　合計　／100点

基本問題 展開しましょう。
（目標 3分／各 10点）

① $(x+3)^3$

$=x^3+3x^2\times\square+3x\times\square^2+\square^3$

② $(2x-1)^3$

$=(\quad)^3-3(\quad)^2\times1+3(\quad)\times1^2-1^3$

③ $(x+2)(x^2-2x+4)$

$=(x+2)(x^2-2x+\square^2)$

④ $(3x-y+2z)^2$

$=\{(\quad)+(\quad)+(\quad)\}^2$

⑤ $(x^2+2xy+4y^2)(x^2-2xy+4y^2)$

$=\{x^2+x(\quad)+(\quad)^2\}\{x^2-x(\quad)+(\quad)^2\}$

⑥ $(x+y+1)(x^2+y^2+1-xy-y-x)$

$=(x+y+1)(x^2+y^2+\square^2-xy-y\times\square-\square\times x)$

応用問題　因数分解しましょう。
（目標 2分／各 10点）

① $x^3-6x^2y+12xy^2-8y^3$　② $27x^3-64y^3$

③ $16x^4+4x^2y^2+y^4$　④ $x^3-y^3+8z^3+6xyz$

解答

●基本問題

① $(x+3)^3$
$=x^3+3x^2\times3+3x\times3^2+3^3$
$=\boldsymbol{x^3+9x^2+27x+27}$

② $(2x-1)^3$
$=(2x)^3-3(2x)^2\times1+3(2x)\times1^2-1^3$
$=\boldsymbol{8x^3-12x^2+6x-1}$

③ $(x+2)(x^2-2x+4)$
$=(x+2)(x^2-2x+2^2)$
$=\boldsymbol{x^3+8}$

④ $(3x-y+2z)^2$
$=\{(3x)+(-y)+(2z)\}^2$
$=\boldsymbol{9x^2+y^2+4z^2-6xy-4yz+12zx}$

⑤ $(x^2+2xy+4y^2)(x^2-2xy+4y^2)$
$=\{x^2+x(2y)+(2y)^2\}\{x^2-x(2y)+(2y)^2\}$
$=\boldsymbol{x^4+4x^2y^2+16y^4}$

⑥ $(x+y+1)(x^2+y^2+1-xy-y-x)$
$=(x+y+1)(x^2+y^2+1^2-xy-y\times1-1\times x)$
$=\boldsymbol{x^3+y^3+1-3xy}$

●応用問題

① $x^3-6x^2y+12xy^2-8y^3$
$=x^3-3x^2(2y)+3x(2y)^2-(2y)^3$
$=\boldsymbol{(x-2y)^3}$

② $27x^3-64y^3$
$=(3x)^3-(4y)^3$
$=\boldsymbol{(3x-4y)(9x^2+12xy+16y^2)}$

③ $16x^4+4x^2y^2+y^4=\boldsymbol{(4x^2+2xy+y^2)(4x^2-2xy+y^2)}$

④ $x^3-y^3+8z^3+6xyz=\boldsymbol{(x-y+2z)(x^2+y^2+4z^2+xy+2yz-2zx)}$

計算しなくても余りや解が求められる

剰余定理・因数定理

「整式÷１次式」の計算は、丁寧に計算をして答えを求めるととても大変です。こんなとき活躍するのが、余りを求める剰余定理と因数を見つける因数定理。これらの定理を使えば、簡単な計算で答えが求まります。

剰余定理

剰余とは余りという意味です。剰余定理とは x の整式を x の１次式でわるときの余りを求める定理のことです。

定理

整式 $f(x)$をxの1次式 $\begin{cases} x-a \\ ax+b \end{cases}$ $(a \neq 0)$ でわるときの余りは $\begin{cases} f(a) \\ f\left(-\dfrac{b}{a}\right) \end{cases}$ である

【例】 $f(x) = x^2 + x + 1$ を $x - 1$ でわるときの余りを求めましょう。

$f(x)$ に $x = 1$を代入すると

$f(1) = 1^2 + 1 + 1$

$= 3$

答え　3

実際にわり算をして確かめてみると…

$$\begin{array}{r|l} & x\ +2 \\ \hline x-1 & x^2+x+1 \\ - & x^2-x \\ \hline & \quad 2x+1 \\ - & \quad 2x-2 \\ \hline & \qquad\quad 3 \end{array}$$

ちゃんと余りは3になった！

剰余定理を使って求めた余りと同じになる

因数定理

整式 $f(x)$ にある数 a を代入して0となる場合、$f(x)$ は「$x-a$ を因数にもつ($x-a$ でわりきれる)」といいます。
これが因数定理です。

定理

整式 $f(x)$について、$f(a)=0$ ならば $f(x)$は $x-a$ を因数にもつ

【例】 $f(x)=x^3-x-6$ は $x-2$ を因数にもつか調べましょう。

$x-2$ を因数にもつということは、

$x=2$ でわりきれるということ

$f(x)$ に $x=2$ を代入すると

$$f(2)=2^3-2-6$$
$$=8-8$$
$$=0$$

答え　$f(x)$は$x-2$を因数にもつ

実際にわり算をして確かめてみると…

$$\begin{array}{r|l} & x^2+2x+3 \\ \hline x-2 & x^3 \qquad -x-6 \\ - & x^3-2x^2 \\ \hline & \quad 2x^2-x \\ & -)\ 2x^2-4x \\ \hline & \qquad 3x-6 \\ & \quad -)\ 3x-6 \\ \hline & \qquad\qquad 0 \end{array}$$

余りは0となり $f(x)$ は

$x-2$ でわりきれるので $x-2$ を因数にもつ

高校

剰余定理・因数定理

● 剰余定理や因数定理を使えば、実際にわり算をしなくても余りや解が求められる

復習ドリル

タイム　分　秒　合計　／100点

基本問題

ヒントを参考に、整式$f(x)$の余りを求めましょう。
（目標3分／各10点）

① $f(x)=x^2+3x-4$を$x-1$でわるときの余り

$f(x)$に$x=-1$を代入すると
$f(-1)=$

② $f(x)=4x^2-2x+3$を$x-2$でわるときの余り

$f(x)$に$x=2$を代入すると
$f(2)=$

③ $f(x)=3x^3-5x-2$を$x+1$でわるときの余り

$f(x)$に$x=-1$を代入すると
$f(-1)=$

④ $f(x)=2x^4+3x-4$を$x-1$でわるときの余り

$f(x)$に$x=1$を代入すると
$f(1)=$

⑤ $f(x)=5x^3+7x^2-3x+2$を$x+2$でわるときの余り

$f(x)$に$x=-2$を代入すると
$f(-2)=$

⑥ $f(x)=x^3-2x^2-8x+21$を$x+3$でわるときの余り

$f(x)$に$x=-3$を代入すると
$f(-3)=$

応用問題　整式 $f(x)$ の余りを求めましょう。
（目標 2 分／各 20 点）

① $f(x)=-6x^3-7x^2+6x+1$ を $3x-1$ でわるときの余り

② $f(x)=8x^3+6x^2-4x-3$ を $4x+3$ でわるときの余り

高校

剰余定理・因数定理

解　答

●基本問題

① $f(x)$ に $x=1$ を代入すると
$f(1)=1^2+3\times1-4=0$

② $f(x)$ に $x=2$ を代入すると
$f(2)=4\times2^2-2\times2+3=15$

③ $f(x)$ に $x=-1$ を代入すると
$f(-1)=3(-1)^3-5(-1)-2=0$

④ $f(x)$ に $x=1$ を代入すると
$f(1)=2\times1^4+3\times1-4=1$

⑤ $f(x)$ に $x=-2$ を代入すると
$f(-2)=5(-2)^3+7(-2)^2-3(-2)+2$
$=-40+28+6+2$
$=-4$

⑥ $f(x)$ に $x=-3$ を代入すると
$f(-3)=(-3)^3-2(-3)^2-8(-3)+21$
$=-27-18+24+21$
$=0$

●応用問題

① $f(x)$ に $x=\frac{1}{3}$ を代入すると
$f\left(\frac{1}{3}\right)=2$

② $f(x)$ に $x=-\frac{3}{4}$ を代入すると
$f\left(-\frac{3}{4}\right)=0$

高校の数学

18日目

虚数と実数が作る、新しい数の世界

複素数

高校では「複素数」という新しい数の世界を学びます。複素数は虚数と実数を含む、大きな数のまとまりです。

虚数単位

虚数とは2乗して−1になる数のことで、i（アイ）と書きます。虚数 $i=\sqrt{-1}$ を考えることで、どんな2次方程式にも解がある（＝どんな2次方程式も解ける）ようになります（※詳しくは19日目の2次方程式で勉強します）。

【例】

$\sqrt{-2}=\sqrt{2}i$

$\sqrt{-9}=\sqrt{9}i=3i$

$\sqrt{-12}=\sqrt{12}i=2\sqrt{3}i$

平方根の基本ルールは13日目のドリルで確認！

定義

$$i=\sqrt{-1},\quad i^2=-1$$

複素数

複素数は $a+bi$、$a-bi$ の形で表されます。複素数どうしの計算の答えは、必ず $a+bi$、$a-bi$ の形に直します。

複素数の形	【例】
$a+bi$、$a-bi$	$2+\sqrt{3}i$
bi（$a=0$ のとき）	$\sqrt{5}i$
a（$b=0$ のとき）	7

※実数も複素数の仲間

「共役複素数」とは？

虚数 i を消すには2乗して−1にしなければいけません。複素数には虚数を消してくれるパートナーがあり、それを共役複素数といいます。複素数 $a+bi$ の共役複素数は、虚数の符号を逆にした $a-bi$ です。積は $(a+bi)(a-bi)=a^2-(bi)^2=a^2+b^2$ となり i が消えます。展開の公式 $(x+y)(x-y)=x^2-y^2$ の形と似ています。

たし算・ひき算

1 実数部分と虚数部分をそれぞれ計算する

$$(2+3i)+(4-5i)=(2+4)+(3-5)i$$
$$=6-2i$$

$a-bi$ の形に直す

答え $6-2i$

かけ算

1 展開する

※ $i^2=-1$ に気をつけましょう。

2 $a+bi$の形に直す

$i^2=-1$

$$(2+3i)\times(4-5i)=8-10i+12i-15i^2$$
$$=(8+15)+(-10+12)i$$
$$=23+2i$$

答え $23+2i$

わり算

1 分子と分母に分母の共役複素数をかける

分母に i が含まれていると $a+bi$ の形にならないので、分母から i を消します。分母から i を消すには、分子と分母に分母の共役複素数をかけます。

2 展開して分母からiを消す

展開すると分母からきれいに i が消えます。答えは $a+bi$ の形に直します。

$$(2+3i)\div(4+5i)=\frac{2+3i}{4+5i}$$

分子と分母に同じ数をかける（1をかけていることと同じ）

$$=\frac{(2+3i)(4-5i)}{(4+5i)(4-5i)}$$
$$=\frac{8+(-10+12)i-15i^2}{16-25i^2}$$
$$=\frac{(8+15)+2i}{16+25}$$
$$=\frac{23+2i}{41}$$

分母から i が消えた！

$$=\frac{23}{41}+\frac{2}{41}i$$

答え $\frac{23}{41}+\frac{2}{41}i$

- 答えは常に $a+bi$、$a-bi$ の形に直す
- 複素数 $a+bi$ の共役複素数は $a-bi$

高校 複素数

日付　　月　　日（　　）

復習ドリル

タイム　　分　　秒

合計　　／100 点

基本問題 ヒントを参考に計算をしましょう。
（目標３分／各 10 点）

① $2+3i-5+i$

$=(2-5)+(\quad)i$

② $3+\sqrt{8}i-\sqrt{2}i+1$

$=(3+1)+(\quad)i$

③ $(1+2i)(3-5i)$

$=3+(\quad)i-\quad i^2$

④ $(3i+2)(i+4)$

$=\quad i^2+(\quad)i+8$

⑤ $(3+4i)\div(1-2i)$

$=\dfrac{(3+4i)\times(\quad)}{(1-2i)\times(\quad)}$

⑥ $(2+3i)\div(2+i)$

$=\dfrac{(2+3i)\times(\quad)}{(2+i)\times(\quad)}$

応用問題 計算をしましょう。
（目標 2分／各10点）

① $(2+i)(3-4i)-(3-2i)$

② $3i+(7-3i)\div(5+2i)$

③ $(2+3\sqrt{2}i)(3-2\sqrt{2}i)$

④ $(1+2i)^3$

解答

●基本問題

① $2+3i-5+i$
$=(2-5)+(3+1)i$
$=-3+4i$

② $3+\sqrt{8}i-\sqrt{2}i+1$
$=(3+1)+(2\sqrt{2}-\sqrt{2})i$
$=4+\sqrt{2}i$

③ $(1+2i)(3-5i)$
$=3+(-5+6)i-10i^2$
$=13+i$

④ $(3i+2)(i+4)$
$=3i^2+(12+2)i+8$
$=(-3+8)+14i$
$=5+14i$

⑤ $(3+4i)\div(1-2i)$
$=\dfrac{(3+4i)(1+2i)}{(1-2i)(1+2i)}$
$=-1+2i$

⑥ $(2+3i)\div(2+i)$
$=\dfrac{(2+3i)(2-i)}{(2+i)(2-i)}$
$=\dfrac{7}{5}+\dfrac{4}{5}i$

●応用問題

① $(2+i)(3-4i)-(3-2i)$
$=6+(-8+3)i-4i^2-3+2i$
$=7-3i$

② $3i+(7-3i)\div(5+2i)$
$=3i+\dfrac{(7-3i)(5-2i)}{(5+2i)(5-2i)}$
$=1+2i$

③ $(2+3\sqrt{2}i)(3-2\sqrt{2}i)$
$=6+(-4\sqrt{2}+9\sqrt{2})i-12i^2$
$=18+5\sqrt{2}i$

④ $(1+2i)^3$
$=1^3+3\times1^2\times(2i)+3\times1\times(2i)^2+(2i)^3$
$=-11-2i$

高校 複素数

解の公式を使って必ず解ける！

2次方程式・2次不等式

中学で学んだ「2次方程式」（14日目）では、因数分解ができる場合を学びました。高校では「因数分解が難しい、またはできない2次方程式・2次不等式」も解けるようになります。ポイントは「解の公式」を使うことです。

2次方程式

「解の公式」を使うと、たすきがけでは解けなかった2次方程式も解くことができます。

解の公式

$ax^2+bx+c=0\ (a\neq 0)$ のとき

$$x=\frac{-b\pm\sqrt{b^2-4ac}}{2a}$$

※$\sqrt{\ }$ の中が負の数になる場合は虚数単位 i を使います

【例】 次の2次方程式を解の公式を使って解きましょう。

① $2x^2+3x+1=0$

解の公式に $a=2$、$b=3$、$c=1$ を代入すると

$$x=\frac{-3\pm\sqrt{3^2-4\times2\times1}}{2\times2}$$

$$=\frac{-3\pm1}{4}$$

$$=-1、-\frac{1}{2}$$

答え $x=-1、-\frac{1}{2}$

② $x^2+x+1=0$

解の公式に $a=1$、$b=1$、$c=1$ を代入すると

$$x=\frac{-1\pm\sqrt{1^2-4\times1\times1}}{2\times1}$$

$$=\frac{-1\pm\sqrt{1-4}}{2}$$

$$=\frac{-1\pm\sqrt{3}i}{2}$$

答え $x=\frac{-1\pm\sqrt{3}i}{2}$

2次不等式

2次方程式と同じように因数分解や解の公式を使って解き、式を満たすxの値を求めます。xの範囲はグラフを使って考えましょう。

解法

$\alpha < \beta$ とする

1. $(x-\alpha)(x-\beta) > 0$ ならば $x < \alpha$、$\beta < x$
（式の値が0より大きくなるときのxの値）

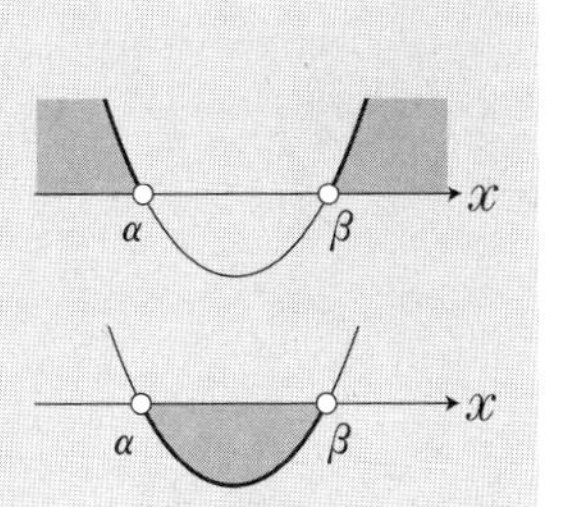

2. $(x-\alpha)(x-\beta) < 0$ ならば $\alpha < x < \beta$
（式の値が0より小さくなるときのxの値）

【例】 次の2次不等式を解きましょう。

① $x^2 + 2x - 3 > 0$

$$\begin{array}{ccccc} 1 & \times & -1 & \to & -1 \\ & & & & + \\ 1 & & 3 & \to & 3 \end{array} \Big) 2$$

$(x+3)(x-1) > 0$

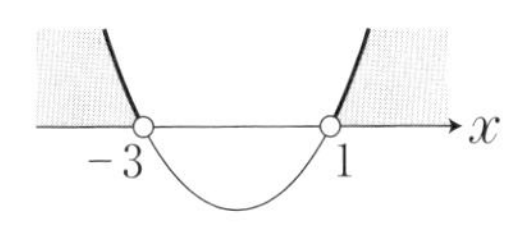

答え $x < -3$、$1 < x$

② $x^2 + x - 1 \leqq 0$

解の公式より

$$x = \frac{-1 \pm \sqrt{1^2 - 4 \times 1 \times (-1)}}{2 \times 1}$$

$$= \frac{-1 \pm \sqrt{1+4}}{2}$$

$$= \frac{-1 \pm \sqrt{5}}{2}$$

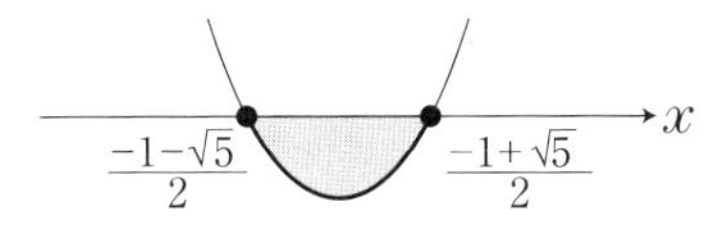

答え $\dfrac{-1-\sqrt{5}}{2} \leqq x \leqq \dfrac{-1+\sqrt{5}}{2}$

- 解の公式を使えば、すべての2次方程式が解ける
- 2次不等式はグラフをかいてxの範囲を確認する

高校
2次方程式・2次不等式

復習ドリル

タイム　分　秒　合計　／100点

基本問題 ヒントを参考に、方程式・不等式を解きましょう。
（目標3分／各10点）

① $\boxed{3}x^2 \boxed{+2}x \boxed{-4} = 0$

解の公式より

$$x = \frac{-■ \pm \sqrt{■^2 - 4 \times □ \times □}}{2 \times □}$$

② $\boxed{4}x^2 \boxed{-6}x \boxed{+3} = 0$

解の公式より

$$x = \frac{-■ \pm \sqrt{■^2 - 4 \times □ \times □}}{2 \times □}$$

③ $x^2 - 3x - 18 > 0$

式の値＞0のときのxの値

④ $2x^2 - x - 1 \leqq 0$

式の値≦0のときのxの値

⑤ $-x^2 + 6x - 8 \geqq 0$

式の値≧0のときのxの値

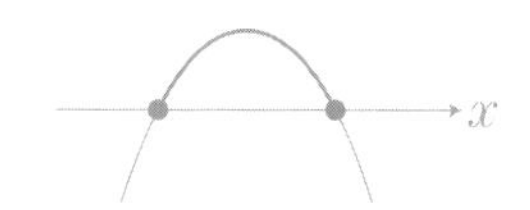

⑥ $2x^2 - 7x + 3 < 0$

式の値＜0のときのxの値

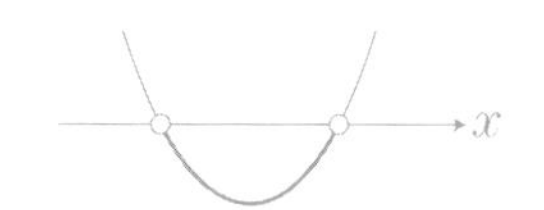

応用問題　方程式・不等式を解きましょう。
（目標 2分／各 10点）

① $x^2 - 3x + 1 = 0$

② $2x^2 + 3x + 2 = 0$

③ $3x^2 - 4x - 4 < 0$

④ $-3x^2 - 2x + 4 \geqq 0$

解　答

●基本問題

① $x = \dfrac{-2 \pm \sqrt{2^2 - 4 \times 3 \times (-4)}}{2 \times 3} = \dfrac{-1 \pm \sqrt{13}}{3}$

② $x = \dfrac{-(-6) \pm \sqrt{(-6)^2 - 4 \times 4 \times 3}}{2 \times 4} = \dfrac{3 \pm \sqrt{3}i}{4}$

③ 1 ╳ 3 / 1 ╳ −6 → −3

$(x+3)(x-6) > 0$

$x < -3、6 < x$

④ 2 ╳ 1 / 1 ╳ −1 → −1

$(2x+1)(x-1) \leqq 0$

$-\dfrac{1}{2} \leqq x \leqq 1$

⑤ 1 ╳ −2 / 1 ╳ −4 → −6

$-(x-2)(x-4) \geqq 0$

$2 \leqq x \leqq 4$

⑥ 2 ╳ −1 / 1 ╳ −3 → −7

$(2x-1)(x-3) < 0$

$\dfrac{1}{2} < x < 3$

●応用問題

① $x = \dfrac{-(-3) \pm \sqrt{(-3)^2 - 4 \times 1 \times 1}}{2 \times 1} = \dfrac{3 \pm \sqrt{5}}{2}$

② $x = \dfrac{-3 \pm \sqrt{3^2 - 4 \times 2 \times 2}}{2 \times 2} = \dfrac{-3 \pm \sqrt{7}i}{4}$

③ 3 ╳ 2 / 1 ╳ −2 → −4

$(3x+2)(x-2) < 0$

$-\dfrac{2}{3} < x < 2$

④ $x = \dfrac{-(-2) \pm \sqrt{(-2)^2 - 4 \times (-3) \times 4}}{2 \times (-3)} = \dfrac{-1 \pm \sqrt{13}}{3}$

$\dfrac{-1 - \sqrt{13}}{3} \leqq x \leqq \dfrac{-1 + \sqrt{13}}{3}$

数の便利な表し方

指数

指数はその数や式が何回かけられているかを表します。私たちにもっとも身近な指数といえば 2 の累乗でしょう。パソコン用メモリの容量である 256MB（メガバイト）や 512MB は、$256 = 2^8$ や $512 = 2^9$ といった 2 の指数を使って表します。

指数の基本

指数はその数や式が何回かけられているかを表します。

公式

$$a^n = \underbrace{a \times a \times \cdots\cdots \times a}_{a\text{が}n\text{個}(a\text{を}n\text{回かける})}$$

$$a^0 = 1$$

$$a^{-n} = \frac{1}{a^n}$$

（$a \neq 0$、nは自然数）

【例】 計算をしましょう。

① 3^3

$3^3 = 3 \times 3 \times 3$

$= 27$

答え 27

② 5^0

$5^0 = 1$

どんな数でも $a^0 = 1$

答え 1

③ 2^{-3}

$2^{-3} = \dfrac{1}{2 \times 2 \times 2}$

$= \dfrac{1}{8}$

答え $\dfrac{1}{8}$

指数法則

指数法則を使えば指数の計算を最小限に減らすことができます。

公式

$a>0$、$b>0$、m、nが有理数のとき

$$a^m \times a^n = a^{m+n}$$

$$a^m \div a^n = a^{m-n}$$

$$(a^m)^n = a^{mn}$$

$$(ab)^n = a^n b^n$$

【例】 次の(　)にあてはまる数を書き入れましょう。

① $2^3 \times 2^2 = 2^{(\ )}$

$(2\times2\times2)\times(2\times2)$

$2^3 \times 2^2 = 2^{3+2}$

$= 2^5$

答え　5

② $(2^3)^2 = 2^{(\ )}$

$(2\times2\times2)^2$

$(2^3)^2 = 2^{3\times2}$

$= 2^6$

答え　6

③ $(2\times3)^2 = 2^{(\ )}\times3^{(\ )}$

$(2\times3)^2 = 2^2\times3^2$

答え　2、2

④ $2^3\div2^3 = 2^{(\ )}$

$\dfrac{2\times2\times2}{2\times2\times2}$

$2^3\div2^3 = 2^{3-3}$

$= 2^0$

答え　0

- 指数は数や式が何回かけられているかを表す
- 指数法則を使うと、計算がラクになる

復習ドリル

タイム 分 秒　合計 ／100点

基本問題 ヒントを参考に計算をしましょう。

（目標３分／各10点）

① 3^4

$= \square \times \square \times \square \times \square$

② 5^{-3}

$= \dfrac{1}{\square^3}$

③ $x^5 \times x^{-2}$

$= x^{\square - \square}$

④ $2^3 \times 2^2 \div 2^4$

$= 2^{\square + \square - \square}$

⑤ $9^2 \div 3^9 \times 27$

$= 3^{\square - \square + \square}$

⑥ $(a^2 b)^3 \div a^2 b^5$

$= a^{\square \times \square - \square} b^{\square - \square}$

応用問題 指数法則を使って計算をしましょう。

（目標 2分／各10点）

① $(2^3)^2 \times 8 \div 16 \times \frac{1}{4}$

② $(5^3+5^2) \times 5^{-3}$

③ $(a^{-2}b^3+ab^{-3})a^4b^3$

④ $(x^2y^3z^{-2})^2 \div x^2y^4z \times x^{-3}z^6$

解　答

●基本問題

① 3^4

$=3\times3\times3\times3$

$=81$

② 5^{-3}

$=\frac{1}{5^3}$

$=\frac{1}{125}$

③ $x^5 \times x^{-2}$

$=x^{5-2}$

$=x^3$

④ $2^3\times2^2\div2^4$

$=2^{3+2-4}$

$=2$

⑤ $9^2\div3^9\times27$

$=3^{4-9+3}$

$=\frac{1}{9}$

⑥ $(a^2b)^3\div a^2b^5$

$=a^{2\times3-2}b^{3-5}$

$=\frac{a^4}{b^2}$

●応用問題

① $(2^3)^2\times8\div16\times\frac{1}{4}$

$=2^{3\times2+3-4-2}$

$=8$

② $(5^3+5^2)\times5^{-3}$

$=5^{3-3}+5^{2-3}$

$=\frac{6}{5}$

③ $(a^{-2}b^3+ab^{-3})a^4b^3$

$=a^{-2+4}b^{3+3}+a^{1+4}b^{-3+3}$

$=a^2b^6+a^5$

④ $(x^2y^3z^{-2})^2\div x^2y^4z\times x^{-3}z^6$

$=x^{2\times2-2-3}y^{3\times2-4}z^{-2\times2-1+6}$

$=\frac{y^2z}{x}$

高校　指数

「何乗した数なのか」を考える

対数

対数の基本

$2^{(\ )}=8$（2を何乗したら8になるか）を考えるとき、（　）の値を対数 **log**（ログ）を使って $\log_2 8$ と表します。このように「a を何乗したら y になるか」という値を $\log_a y$ と表します。

定義

a を1でない正の数、y を正の数とするとき

$y=a^x$ のとき　$x=\log_a y$（a を x 乗したら y になる）

公式

$a>0$、$a\neq 1$、$x>0$、$y>0$、k が実数のとき

$$\log_a a=1$$

$$\log_a 1=0$$

$$\log_a xy=\log_a x+\log_a y$$

$$\log_a \frac{x}{y}=\log_a x-\log_a y$$

$$\log_a x^k=k\log_a x$$

【例】 x の値を求めましょう。

① $2^x = 8$

$$x = \log_2 8 \quad (\log_2 2 = 1)$$
$$= \log_2 2^3$$
$$= 3\log_2 2$$
$$= 3$$

答え　$x = 3$

② $10^x = 100$

$$x = \log_{10} 100 \quad (\log_{10} 10 = 1)$$
$$= \log_{10} 10^2$$
$$= 2\log_{10} 10$$
$$= 2$$

答え　$x = 2$

③ $3^x = 8$

$$x = \log_3 8$$
$$= \log_3 2^3$$
$$= 3\log_3 2$$

答え　$x = 3\log_3 2$

④ $2^x = 18$

$$x = \log_2 18$$
$$= \log_2 (2 \times 3^2)$$
$$= \log_2 2 + \log_2 3^2$$
$$= 1 + 2\log_2 3$$

答え　$x = 1 + 2\log_2 3$

高校 対数

【例】 対数 $\log_{10} 2$、$\log_{10} 3$ と自然数だけを使って、次の値を表しましょう。

① $\log_{10} 12$

$$\log_{10} 12 = \log_{10} (2^2 \times 3)$$
$$= \log_{10} 2^2 + \log_{10} 3$$
$$= 2\log_{10} 2 + \log_{10} 3$$

答え　$2\log_{10} 2 + \log_{10} 3$

② $\log_{10} 5$

$$\log_{10} 5 = \log_{10} \frac{10}{2} \quad \left(5 = \frac{10}{2} \text{ と考える}\right)$$
$$= \log_{10} 10 - \log_{10} 2$$
$$= 1 - \log_{10} 2$$

答え　$1 - \log_{10} 2$

- $y = a^x$ のとき $x = \log_a y$ である
（対数 $x = \log_a y$ は a を x 乗したら y になるという値）

復習ドリル

基本問題 ヒントを参考に計算をしましょう。
（目標３分／各10点）

① $\log_2 2+\log_2 1$

② $\log_3 7+\log_3 2$

$=\log_3(\square\times\square)$

③ $\log_5 3-\log_5 4$

$=\log_5\dfrac{\square}{\square}$

④ $\log_2 28+\log_2 6-\log_2 24$

$=\log_2\left(\dfrac{\square\times\square}{\square}\right)$

⑤ $\log_2 18+\log_2 12-3\log_2 3$

$=\log_2\left(\dfrac{\square\times\square}{\square^3}\right)$

⑥ $\log_3 27-2\log_3 6+\log_3 12$

$=\log_3\left(\dfrac{\square\times\square}{\square^2}\right)$

応用問題 対数 $\log_{10}2$ と $\log_{10}3$ と自然数だけを使って、次の値を表しましょう。
(目標 2分/各10点)

① $\log_{10}24$

② $\log_{10}30$

③ $\log_{10}15$

④ $\log_{10}45$

高校 対数

解答

●基本問題

① $\log_2 2+\log_2 1$
$=1+0$
$=1$

② $\log_3 7+\log_3 2$
$=\log_3(7\times2)$
$=\log_3 14$

③ $\log_5 3-\log_5 4$
$=\log_5\frac{3}{4}$

④ $\log_2 28+\log_2 6-\log_2 24$
$=\log_2\left(\frac{28\times6}{24}\right)$
$=\log_2 7$

⑤ $\log_2 18+\log_2 12-3\log_2 3$
$=\log_2\left(\frac{18\times12}{3^3}\right)$
$=\log_2 8$
$=3$

⑥ $\log_3 27-2\log_3 6+\log_3 12$
$=\log_3\left(\frac{27\times12}{6^2}\right)$
$=\log_3 9$
$=2$

●応用問題

① $\log_{10}24$
$=\log_{10}(2^3\times3)$
$=3\log_{10}2+\log_{10}3$

② $\log_{10}30$
$=\log_{10}(10\times3)$
$=1+\log_{10}3$

③ $\log_{10}15$
$=\log_{10}\left(\frac{10}{2}\times3\right)$
$=1-\log_{10}2+\log_{10}3$

④ $\log_{10}45$
$=\log_{10}\left(\frac{10}{2}\times3^2\right)$
$=1-\log_{10}2+2\log_{10}3$

sin θ 、cos θ 、tan θ を求めよう

三角関数

三角比・三角関数は角度に比を対応させる関数で、古代ギリシャにおいて天文学の発達とともに考え出されました。角度が用いられる天文、測量、航海術に三角比・三角関数は使われてきました。

三角関数の基本

直角三角形の辺の比を表す sin θ（サイン シータ）、cos θ（コサイン シータ）、tan θ（タンジェント シータ）は、角度 θ（シータ）によっていろいろな値をとるので、三角関数といいます。

定義

1. $0° \leqq \theta \leqq 180°$のとき

$$\sin\theta = \frac{c}{a}$$

$$\cos\theta = \frac{b}{a}$$

$$\tan\theta = \frac{c}{b}$$

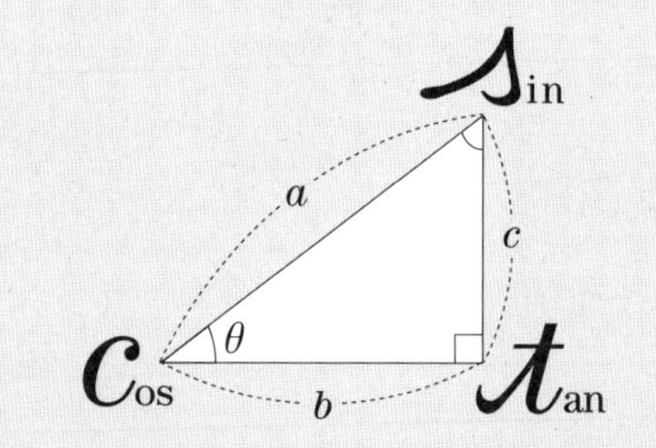

2. θ がすべての角度のとき

sinθ ＝（Pの y座標）

cosθ ＝（Pの x座標）

tanθ ＝（OPの傾き）

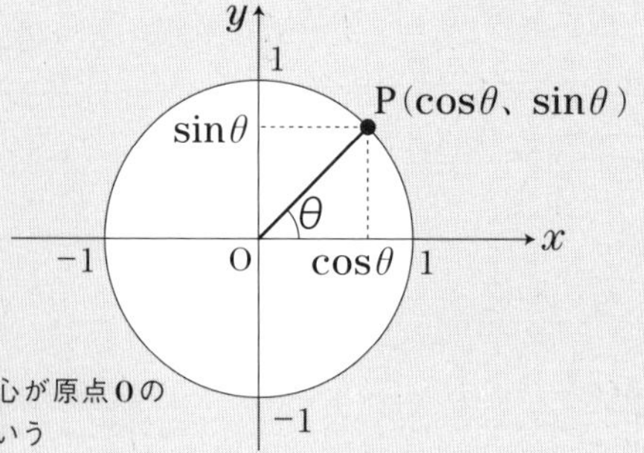

※半径の大きさが1、中心が原点Oの円のことを単位円という

基本の値

三角定規の三角形がsin、cos、tanの値の基本となります。これらの値はよく使うので覚えましょう。

【三角定規】

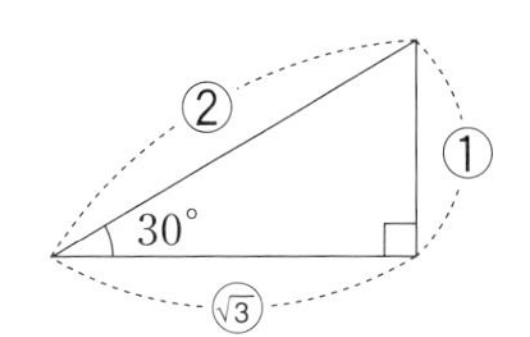

辺の長さの比＝ 2：$\sqrt{3}$：1

$\sin 30^\circ = \dfrac{1}{2}$

$\cos 30^\circ = \dfrac{\sqrt{3}}{2}$

$\tan 30^\circ = \dfrac{1}{\sqrt{3}}$

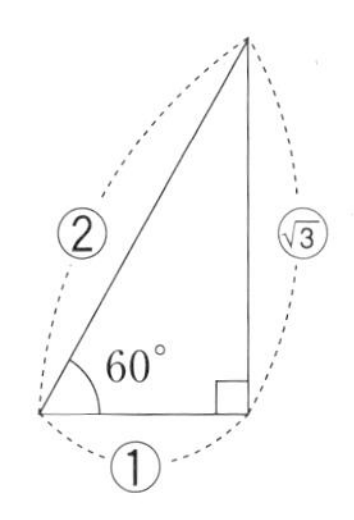

辺の長さの比＝ 2：1：$\sqrt{3}$

$\sin 60^\circ = \dfrac{\sqrt{3}}{2}$

$\cos 60^\circ = \dfrac{1}{2}$

$\tan 60^\circ = \sqrt{3}$

【三角定規】

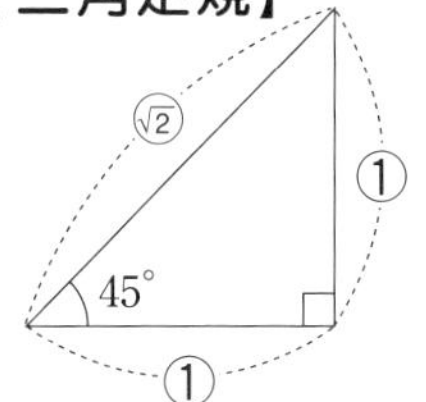

辺の長さの比＝ $\sqrt{2}$：1：1

$\sin 45^\circ = \dfrac{1}{\sqrt{2}}$

$\cos 45^\circ = \dfrac{1}{\sqrt{2}}$

$\tan 45^\circ = 1$

三角関数の相互関係

三角関数は次のような相互関係が成り立ちます。sin、cos、tanのうちどれか1つの値が分かれば、残りの値を求めることができます。

公式

$$\tan\theta = \frac{\sin\theta}{\cos\theta}$$

$$\cos^2\theta + \sin^2\theta = 1$$

※ $\cos^2\theta$とは$(\cos\theta)^2$のこと

- $\sin\theta$、$\cos\theta$、$\tan\theta$は直角三角形の辺の比である
- $\sin\theta$、$\cos\theta$、$\tan\theta$の値の基本は三角定規

復習ドリル

タイム　分　秒　合計　／100 点

基本問題 $\sin\theta$、$\cos\theta$、$\tan\theta$ を求めましょう。
（目標 3分／各 10 点）

① $\sin 30^\circ =$
$\cos 30^\circ =$
$\tan 30^\circ =$

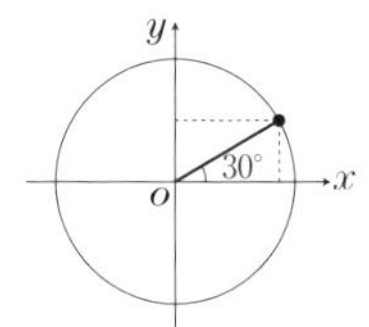

② $\sin 45^\circ =$
$\cos 45^\circ =$
$\tan 45^\circ =$

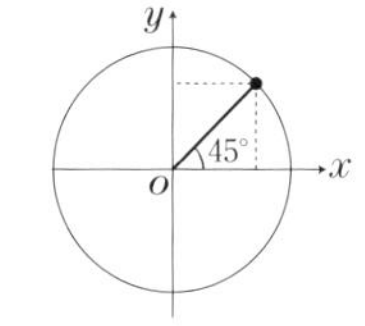

③ $\sin 60^\circ =$
$\cos 60^\circ =$
$\tan 60^\circ =$

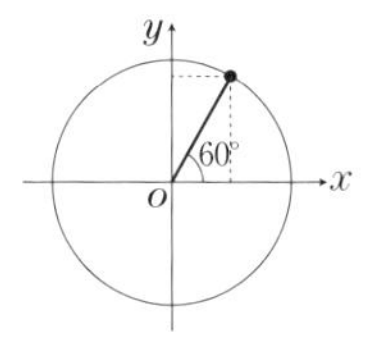

④ $\sin 135^\circ =$
$\cos 135^\circ =$
$\tan 135^\circ =$

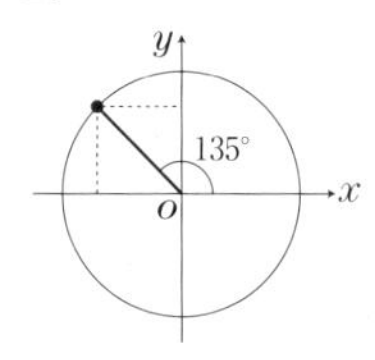

⑤ $\sin 210^\circ =$
$\cos 210^\circ =$
$\tan 210^\circ =$

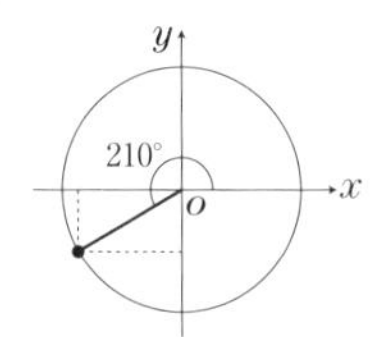

⑥ $\sin 300^\circ =$
$\cos 300^\circ =$
$\tan 300^\circ =$

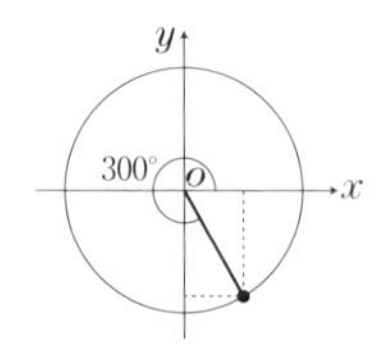

応用問題 次の値を求めましょう。$0^\circ \leqq \theta \leqq 360^\circ$ とする。
（目標 2分／各 20点）

① $\sin\theta = \dfrac{3}{5}$ のとき、$\cos\theta$ と $\tan\theta$ を求めましょう。

② $\cos\theta = \dfrac{12}{13}$ のとき、$\sin\theta$ と $\tan\theta$ を求めましょう。

解　答

●基本問題

① $\sin 30^\circ = \dfrac{1}{2}$

$\cos 30^\circ = \dfrac{\sqrt{3}}{2}$

$\tan 30^\circ = \dfrac{1}{\sqrt{3}}$

② $\sin 45^\circ = \dfrac{1}{\sqrt{2}}$

$\cos 45^\circ = \dfrac{1}{\sqrt{2}}$

$\tan 45^\circ = 1$

③ $\sin 60^\circ = \dfrac{\sqrt{3}}{2}$

$\cos 60^\circ = \dfrac{1}{2}$

$\tan 60^\circ = \sqrt{3}$

④ $\sin 135^\circ = \dfrac{1}{\sqrt{2}}$

$\cos 135^\circ = -\dfrac{1}{\sqrt{2}}$

$\tan 135^\circ = -1$

⑤ $\sin 210^\circ = -\dfrac{1}{2}$

$\cos 210^\circ = -\dfrac{\sqrt{3}}{2}$

$\tan 210^\circ = \dfrac{1}{\sqrt{3}}$

⑥ $\sin 300^\circ = -\dfrac{\sqrt{3}}{2}$

$\cos 300^\circ = \dfrac{1}{2}$

$\tan 300^\circ = -\sqrt{3}$

●応用問題

① $\cos^2\theta + \left(\dfrac{3}{5}\right)^2 = 1$

$\cos\theta = \pm\sqrt{\dfrac{16}{25}} = \pm\dfrac{4}{5}$

$\tan\theta = \pm\dfrac{3}{4}$

② $\left(\dfrac{12}{13}\right)^2 + \sin^2\theta = 1$

$\sin\theta = \pm\sqrt{\dfrac{25}{169}} = \pm\dfrac{5}{13}$

$\tan\theta = \pm\dfrac{5}{12}$

高校
三角関数

数の並び方のルールを探そう

数列

身の回りにも数列が潜んでいます。例えばAMラジオの周波数は9kHz間隔なので、公差9の等差数列です。また、「年金利7%の複利でお金を預ける」は、「公比1＋0.07の等比数列」です（10年後には約2倍の金額になります）。

等差数列

等差数列とは「隣りあう項の差がどれも等しい数列」のことです。数列の第1項目を初項 a_1、隣りあう項の差を公差 d、第 n 項目の項を一般項 a_n といいます。初項から第 n 項までをたしたものを等差数列の和 S_n といいます。

公式

初項 a_1、公差 d の等差数列の一般項 a_n は

$$a_n = a_1 + (n-1)d$$

等差数列 a_n の初項から第 n 項までの和 S_n は

$$S_n = \frac{n}{2}(a_1 + a_n) = \frac{n}{2}\{2a_1 + (n-1)d\}$$

【例】 等差数列 $\{2、5、8、11、\cdots\}$ の一般項 a_n を求めましょう。

初項は2

2　5　8　11、…

+3　+3　+3

公差は3

$a_n = a_1 + (n-1)d$ より

初項 $a_1 = 2$、公差 $d = 3$ を代入すると

$$\begin{aligned} a_n &= 2 + (n-1) \times 3 \\ &= 2 + 3n - 3 \\ &= 3n - 1 \end{aligned}$$

答え　$a_n = 3n - 1$

等比数列

等比数列とは「隣りあう項がどれも等倍になっている数列」のことです。数列の第1項目を初項 a_1、等倍となっている値を公比 r、第 n 項目の項を一般項 a_n といいます。初項から第 n 項までをたしたものを等比数列の和 S_n といいます。

公式

初項 a_1、公比 r の等比数列の一般項 a_n は

$$a_n = a_1 r^{n-1}$$

等比数列 a_n の初項から第 n 項までの和 S_n は

$$S_n = \frac{a_1(1-r^n)}{1-r} \quad (r \neq 1)$$

【例】 等比数列{2、6、18、54、…}の第6項 a_6 と、初項から第6項までの和 S_6 を求めましょう。

初項は 2

2　6　18　54、…

×3　×3　×3

公比は 3

$a_n = a_1 r^{n-1}$ より

初項 $a_1=2$、公比 $r=3$、$n=6$ を代入すると

$$a_6 = 2\times3^{6-1}$$
$$=2\times3^5$$
$$=486$$

$S_n = \dfrac{a_1(1-r^n)}{1-r}$ より

$$S_6 = \frac{2\times(1-3^6)}{1-3}$$
$$=728$$

答え　$a_6 = 486$、$S_6 = 728$

- 等差数列は隣りあう項の差がどれも等しい数列
- 等比数列は隣りあう項がどれも等倍になっている数列

高校 数列

 日付　月　日（　）

復習ドリル

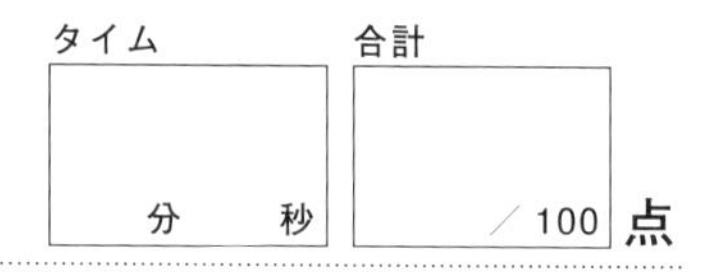

基本問題 次の数列の一般項 a_n と初項から第 n 項までの和 S_n を求めましょう。（目標 3 分／各 20 点）

① 等差数列 $\{-3,\ -1,\ 1,\ 3,\ 5,\ \cdots\}$

+2　+2　+2　+2

② 等差数列 $\{8,\ 5,\ 2,\ -1,\ -4,\ \cdots\}$

−3　−3　−3　−3

③ 等比数列 $\{1,\ -2,\ 4,\ -8,\ 16,\ \cdots\}$

×(−2)　×(−2)　×(−2)　×(−2)

応用問題 次の数列の一般項 a_n と初項から第 n 項までの和 S_n を求めましょう。（目標 2 分／各 20 点）

① 等差数列 $\left\{2、\frac{9}{4}、\frac{5}{2}、\frac{11}{4}、3、\cdots\right\}$

② 等比数列 $\left\{12、8、\frac{16}{3}、\frac{32}{9}、\frac{64}{27}、\cdots\right\}$

高校 数列

解 答

●基本問題

① $a_n=-3+(n-1)\times 2$

$=2n-5$

$S_n=\frac{n}{2}(-3+2n-5)$

$=n(n-4)$

② $a_n=8+(n-1)\times(-3)$

$=-3n+11$

$S_n=\frac{n}{2}\{8+(-3n+11)\}$

$=\frac{n(-3n+19)}{2}$

③ $a_n=1\times(-2)^{n-1}$

$=(-2)^{n-1}$

$S_n=\frac{1\times\{1-(-2)^n\}}{1-(-2)}$

$=\frac{1-(-2)^n}{3}$

●応用問題

① $a_n=2+(n-1)\times\frac{1}{4}$

$=\frac{1}{4}(n+7)$

$S_n=\frac{n}{2}\left\{2+\frac{1}{4}(n+7)\right\}=\frac{n}{8}(n+15)$

② $a_n=12\left(\frac{2}{3}\right)^{n-1}$

$S_n=\frac{12\times\left\{1-\left(\frac{2}{3}\right)^n\right\}}{1-\frac{2}{3}}=36\left\{1-\left(\frac{2}{3}\right)^n\right\}$

高校の数学

24日目

数学的なことばのマジック

集合と論理

普通「賞品はAまたはB」とあれば「AかBのどちらか一方が当たる」と思いますが、数学では少し意味が違います。数学では「AとBが両方当たる」場合も含まれます。不思議に思った人は下の図をよく見てみましょう!

集合と要素

ある条件を満たす要素の集まりを集合といいます。例えば2の正の倍数全体の集合をAとすると、2の正の倍数である2、4、6、8、…は集合Aの「要素」になります。同じように3の正の倍数全体の集合をBとすると、3の正の倍数である3、6、9、12、…は集合Bの「要素」です。

集合　要素

$A = \{2、4、6、8、\cdots\}$

$B = \{3、6、9、12、\cdots\}$

A: 2 4 6 8 10

B: 3 6 9 12

$A \cup B$(AまたはB)

集合Aと集合Bのどちらかの条件を満たしているものを、$A \cup B$(AまたはB)と表します。

$A \cup B = \{2、3、4、6、8、9、10、12、\cdots\}$

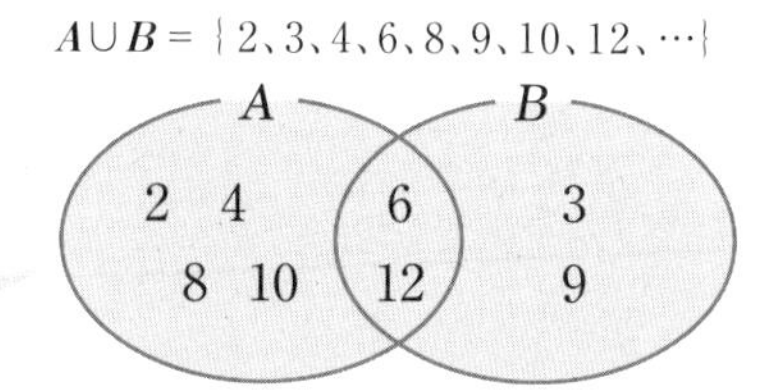

2の正の倍数
または3の正の倍数

$A \cap B$(AかつB)

集合Aと集合Bの両方の条件を満たしているものを、$A \cap B$(AかつB)と表します。

$A \cap B = \{6、12、18、\cdots\}$

A　B

6
12
18

2の正の倍数
かつ3の正の倍数

条件文

条件文「P ならば Q である」を $P \Rightarrow Q$（P ならば Q）と表します。$P \Rightarrow Q$ の条件を逆にした条件文 $Q \Rightarrow P$（Q ならば P）を $P \Rightarrow Q$ の逆といいます。また条件 P の否定を $\overline{P}$ と表し、$\overline{P} \Rightarrow \overline{Q}$ を $P \Rightarrow Q$ の裏といいます。

$$P \Rightarrow Q \xrightarrow{\text{逆}} Q \Rightarrow P$$

$$\downarrow \text{裏} \qquad\qquad \downarrow \text{裏}$$

$$\overline{P} \Rightarrow \overline{Q} \xrightarrow[\text{逆}]{} \overline{Q} \Rightarrow \overline{P}$$

定義

命題$P \Rightarrow Q$が真のとき

- QはPであるための必要条件
- PはQであるための十分条件

特に$P \Leftrightarrow Q$（$P \Rightarrow Q$かつ $Q \Rightarrow P$）のとき

PはQであるための必要十分条件

【例】

「人間である⇒動物である」とき

「動物である」は「人間である」ための必要条件
「人間である」は「動物である」ための十分条件

すべての内角が60°の三角形 ⇔ 正三角形

「すべての内角が60°の三角形」は
「正三角形」であるための必要十分条件

真と偽

条件文はそれが成り立つ（真である）か、成り立たない（偽である）かを確かめなければいけません。真であるときは証明を行い、偽であるときは反例を1つ示します。

【例】 次の条件文が成り立つか確かめましょう。

① 4の倍数 ⇒ 2の倍数

4の倍数を $x = 4n$（n は整数）とすると
$x = 4n$
$= 2 \times 2n$
$2n$ は2の倍数なので、
2の倍数を2倍した数も2の倍数であるから、
x は2の倍数である。
よって 4の倍数 ⇒ 2の倍数 は真である。

② 2の倍数 ⇒ 4の倍数

2の倍数である6は4の倍数ではない。
よって
2の倍数 ⇒ 4の倍数
は偽である。

反例は
1つ示せば OK

- $A \cup B$は集合 Aと集合 Bのどちらかの条件を満たしている
- $A \cap B$は集合 Aと集合 Bの両方の条件を満たしている
- 条件文は真と偽を確認する。真なら証明し、偽なら反例を示す

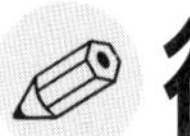 復習ドリル

タイム 分 秒 合計 ／100 点

基本問題 次の問題を解きましょう。
（目標 3分／各10点）

集合 $U=\{x \mid 1 \leqq x \leqq 10\}$ の部分集合（集合 U の要素の一部からなる集合）$A=\{x \mid 1 \leqq x \leqq 6\}$、$B=\{x \mid 3 < x < 8\}$ について、数直線をヒントに次の集合を求めましょう。

① $A \cup B$　　② $A \cap B$

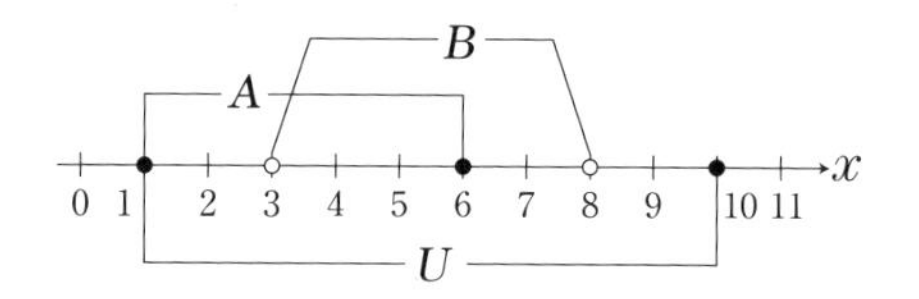

③ $\overline{A} \cup \overline{B}$　　④ $\overline{A \cap B}$

「かつ」、「または」のどちらかのうち、当てはまるものを丸で囲みましょう。

⑤ $x^2+y^2=0 \iff x=0$ （ かつ 、 または ） $y=0$

⑥ $xy>0 \iff x>0$ （ かつ 、 または ） $y>0$

（ かつ 、 または ）

$x<0$ （ かつ 、 または ） $y<0$

応用問題　集合の範囲を図に示しましょう。
（目標 2分／各 10点）

① $\overline{A \cup B}$

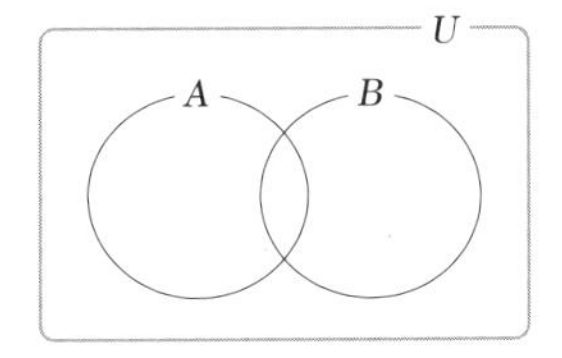

② $\overline{A \cap B}$

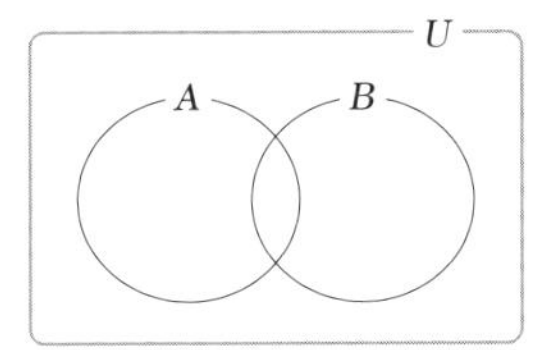

③ $A \cup (B \cap C)$

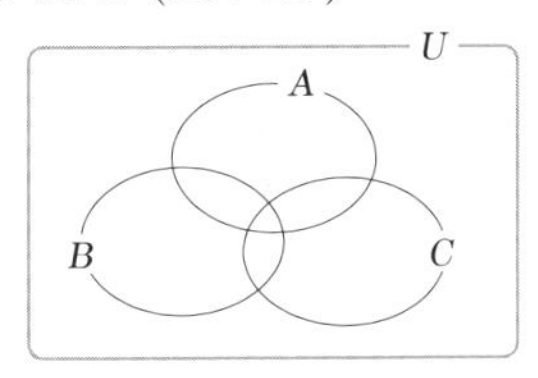

④ $A \cap (B \cup C)$

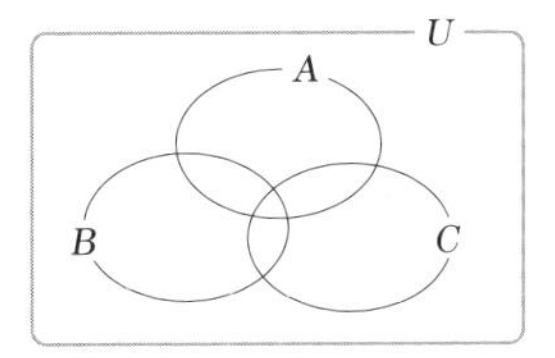

解　答

●基本問題

① $A \cup B = \{x \mid 1 \leqq x < 8\}$

② $A \cap B = \{x \mid 3 < x \leqq 6\}$

③ $\overline{A} \cap \overline{B} = \{x \mid 8 \leqq x \leqq 10\}$

④ $\overline{A \cup B} = \{x \mid 8 \leqq x \leqq 10\}$

⑤ $x = 0$（かつ）$y = 0$

⑥ $x > 0$（かつ）$y > 0$（または）$x < 0$（かつ）$y < 0$

●応用問題

① $\overline{A \cup B}$

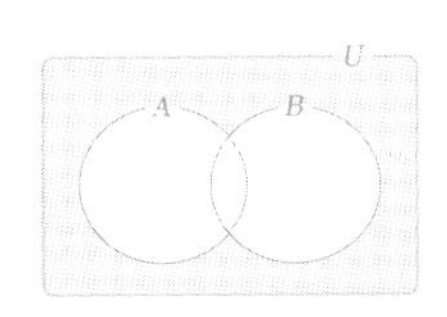

② $\overline{A \cap B}$

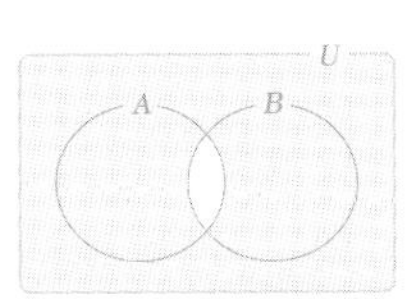

③ $A \cup (B \cap C)$

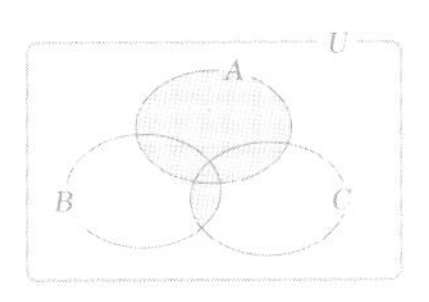

④ $A \cap (B \cup C)$

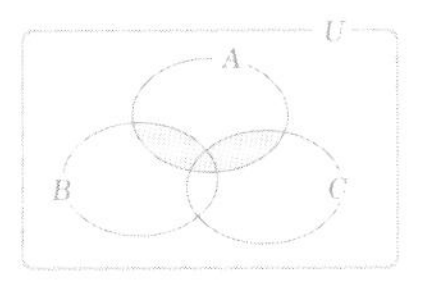

（左辺）＝（右辺）を示そう

等式の証明

証明する式は左辺も右辺も「みかけ」がまったく違います。これを「（左辺）＝（右辺）」と示すために、両辺の式の形を変えて「誰が見ても明らかに同じと分かるように」直します。式の形を変えるには因数分解が大活躍します。

等式の基本

等式には方程式と恒等式の2つがあります。方程式とはいくつかの値に対してのみ成り立つ等式のことです。一方、恒等式はすべての値に対して成り立つ等式です。

等式
- 方程式　例：$x^2 = 2x$ は $x = 0$、2のときしか成り立たない
- 恒等式　例：$x^2 - 2x = x(x - 2)$ は x がどんな値のときでも成り立つ

等式（恒等式）の証明

証明の方法

（左辺）＝（右辺）の証明

1. 左辺（右辺）を変形して右辺（左辺）を導く
2. 両辺とも変形して同一の式に導く
3. 「（左辺）－（右辺）＝0」を示す

【例】 次の問題を解きましょう。

①$(a^2+b^2)(c^2+d^2)=(ac+bd)^2+(ad-bc)^2$ を証明しましょう。

証明の方法 2 を使う

左辺を展開すると

$$(a^2+b^2)(c^2+d^2)=a^2c^2+a^2d^2+b^2c^2+b^2d^2$$

右辺を展開すると

$$(ac+bd)^2(ad-bc)^2=(a^2c^2+2abcd+b^2d^2)+(a^2d^2-2abcd+b^2c^2)$$

$$=a^2c^2+a^2d^2+b^2c^2+b^2d^2$$

よって　（左辺）＝（右辺）　　（証明終）

② $a+b+c=0$ のとき $a^3+b^3+c^3=3abc$ を証明しましょう。

証明の方法 3 を使う

左辺から右辺をひき、因数分解を行うと

$$（左辺）-（右辺）=a^3+b^3+c^3-3abc$$

$$=(a+b+c)(a^2+b^2+c^2-ab-bc-ca)$$

$$=0$$

なぜなら $a+b+c=0$

よって　（左辺）＝（右辺）　　（証明終）

③ $3x^2-x+2=a(x-1)^2+b(x-1)+c$ が x についての恒等式となるように、a、b、c の値を求めましょう。

右辺を展開して、x についてまとめると

$$a(x-1)^2+b(x-1)+c=ax^2+(-2a+b)x+(a-b+c)$$

両辺の係数を比較すると

$$\begin{cases} a=3 \\ -2a+b=-1 \\ a-b+c=2 \end{cases}$$

$b=2a-1$
$=2\times3-1$
$=5$

$c=2-a+b$
$=2-3+5$
$=4$

恒等式にするには係数が同じ数になるようにする

答え　$a=3$、$b=5$、$c=4$

● **等式を証明するには、式を変形して左辺＝右辺を導くか、左辺と右辺の差が 0 であることを示す**

 日付　月　日（　）

復習ドリル

タイム　分　秒　合計　／100点

基本問題 ヒントを参考に、次の等式を証明しましょう。
（目標 3 分／各 35 点）

① $x^2+y^2+z^2-xy-yz-zx=\frac{1}{2}\{(x-y)^2+(y-z)^2+(z-x)^2\}$

（右辺）$=\frac{1}{2}\{(x-y)^2+(y-z)^2+(z-x)^2\}$

$=\frac{1}{2}\{(\qquad)+(\qquad)+(\qquad)\}$

② $a+b+c=0$ のとき、$a^2-bc=b^2-ca$

（左辺）－（右辺）$=(a^2-bc)-(b^2-ca)$

$=(\square^2-\square^2)+c(\square-\square)$

応用問題 $(2x+1)^2=a(x+1)^2+b(x+1)+c$ が x についての恒等式となるように、a、b、c の値を求めましょう。
（目標 2分／30点）

解　答

●基本問題

① $(\text{右辺})=\frac{1}{2}\{(x-y)^2+(y-z)^2+(z-x)^2\}$

$=\frac{1}{2}\{(x^2-2xy+y^2)+(y^2-2yz+z^2)+(z^2-2zx+x^2)\}$

$=\frac{1}{2}(2x^2+2y^2+2z^2-2xy-2yz-2zx)$

$=x^2+y^2+z^2-xy-yz-zx=(\text{左辺})$

よって　(左辺)＝(右辺)　　（証明終）

② $(\text{左辺})-(\text{右辺})=(a^2-bc)-(b^2-ca)$

$=(a^2-b^2)+c(a-b)$

$=(a+b)(a-b)+c(a-b)$

$=(a-b)(a+b+c)$

$a+b+c=0$ なので $(a-b)(a+b+c)=0$

よって　(左辺)＝(右辺)　　（証明終）

●応用問題

$(\text{左辺})=4x^2+4x+1$

$(\text{右辺})=ax^2+(2a+b)x+(a+b+c)$

両辺の係数を比較すると

$\begin{cases} a=4 \\ 2a+b=4 \\ a+b+c=1 \end{cases}$

$2\times4+b=4$

$b=-4$

$4+(-4)+c=1$

$c=1$

（証明終）

高校　等式の証明

大小関係を示そう

不等式の証明

不等式「(左辺) > (右辺)」の大小関係を示すには、まず両辺の差を調べましょう。差が正ならば左辺の方が大きいといえます。証明のポイントは「差が正であるように式を変形させること」です。ここでも因数分解が活躍します。

不等式の証明

不等式の証明では左辺と右辺の差を調べます。

証明の方法

(左辺)>(右辺)を証明するとき(左辺 > 0、右辺 > 0)

1.「(左辺)−(右辺)>0」を示す

2.「$(左辺)^2-(右辺)^2>0$」を示す

差が正なら(左辺)>(右辺)といえる

差が正になる場合

- (正の数)>0　　例:2、5
- $(整式)^2 \geqq 0$　　例:$(x+1)^2$、$(xy)^2$
- $(整式)^2+(整式)^2 \geqq 0$　　例:$(x+1)^2+(xy)^2$

※不等号が≦、≧の場合は等号が成立する場合についても考えます。

【例】 x、y が実数のとき、次の不等式を証明しましょう。

① $x^2 + xy + y^2 \geqq 0$

この変形がポイント

$$(\text{左辺}) = x^2 + xy + y^2 = \left(x^2 + xy + \frac{1}{4}y^2\right) + \frac{3}{4}y^2$$

$$= \left(x + \frac{y}{2}\right)^2 + \frac{3}{4}y^2 \geqq 0$$

よって $x^2 + xy + y^2 \geqq 0$（等号成立は $x = y = 0$ のとき） （証明終）

② $x > 0$、$y > 0$ のとき、$\dfrac{x+y}{2} \geqq \sqrt{xy}$

$$(\text{左辺})^2 - (\text{右辺})^2 = \left(\frac{x+y}{2}\right)^2 - (\sqrt{xy})^2$$

$$= \frac{x^2 + 2xy + y^2}{4} - xy$$

$$= \frac{x^2 + 2xy + y^2 - 4xy}{4}$$

$$= \frac{x^2 - 2xy + y^2}{4}$$

$$= \left(\frac{x-y}{2}\right)^2 \geqq 0$$

（整式）$^2 \geqq 0$

よって（左辺）$^2 \geqq$（右辺）^{2}

$x > 0$、$y > 0$ より

（左辺）$= \dfrac{x+y}{2} > 0$、（右辺）$= \sqrt{xy} > 0$ だから

$A^2 \geqq B^2$ かつ
$A > 0$、$B > 0$ ならば
$A \geqq B$

よって（左辺）$\geqq$（右辺）（等号成立は $x = y$ のとき） （証明終）

- **不等式 $A > B$（$A > 0$、$B > 0$）を証明するには、$A - B > 0$ または $A^2 - B^2 > 0$ であることを示す**

高校
不等式の証明

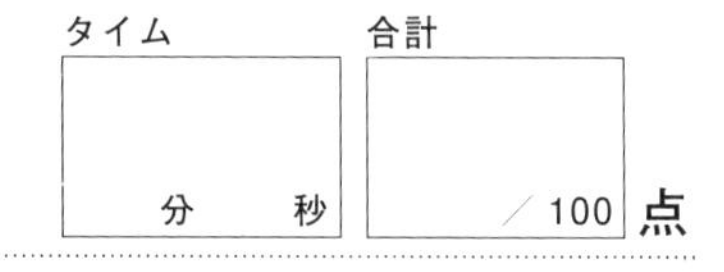

基本問題 ヒントを参考に、次の不等式を証明しましょう。
（目標 3分／各35点）

① $x>0$、$y>0$のとき、$\sqrt{x}+\sqrt{y}>\sqrt{x+y}$

$(左辺)^2-(右辺)^2=(\sqrt{x}+\sqrt{y})^2-(\sqrt{x+y})^2$

② $x>0$、$y>0$のとき、$\dfrac{x+y}{2} \geqq \sqrt{xy} \geqq \dfrac{2xy}{x+y}$

まず $\dfrac{x+y}{2} \geqq \sqrt{xy}$を証明します。

$$\frac{x+y}{2}-\sqrt{xy}=\frac{x-2\sqrt{\square}+y}{2}$$

$$=\frac{(\sqrt{\square}-\sqrt{\square})^2}{2} \geqq 0$$

次に $\sqrt{xy} \geqq \dfrac{2xy}{x+y}$ を証明します。

$$\sqrt{xy}-\frac{2xy}{x+y}=\frac{\sqrt{xy}(x+y)-2xy}{x+y}$$

$$=\frac{\sqrt{xy}(x+y-2\sqrt{\square})}{x+y}$$

$$=\frac{\sqrt{xy}(\sqrt{\square}-\sqrt{\square})^2}{x+y} \geqq 0$$

応用問題 a、b、x、yが実数のとき、
$(a^2+b^2)(x^2+y^2) \geqq (ax+by)^2$を証明しましょう。
（目標 2分／30点）

解　答

●基本問題

① $(\text{左辺})^2-(\text{右辺})^2$
$=(\sqrt{x}+\sqrt{y})^2-(\sqrt{x+y})^2$
$=(x+2\sqrt{xy}+y)-(x+y)$
$=2\sqrt{xy}$
$x>0$、$y>0$より $2\sqrt{xy}>0$
よって　$(\text{左辺})^2>(\text{右辺})^2$
$x>0$、$y>0$より $\sqrt{x}+\sqrt{y}>0$、$\sqrt{x+y}>0$
よって　(左辺)＞(右辺)　　（証明終）

② $\dfrac{x+y}{2}-\sqrt{xy}=\dfrac{x-2\sqrt{xy}+y}{2}$
$=\dfrac{(\sqrt{x}-\sqrt{y})^2}{2} \geqq 0$
$\sqrt{xy}-\dfrac{2xy}{x+y}=\dfrac{\sqrt{xy}(x+y)-2xy}{x+y}$
$=\dfrac{\sqrt{xy}(x+y-2\sqrt{xy})}{x+y}$
$=\dfrac{\sqrt{xy}(\sqrt{x}-\sqrt{y})^2}{x+y} \geqq 0$
よって $\dfrac{x+y}{2} \geqq \sqrt{xy} \geqq \dfrac{2xy}{x+y}$
（等号成立は$x=y$のとき）　　（証明終）

●応用問題

$(\text{左辺})-(\text{右辺})=(a^2+b^2)(x^2+y^2)-(ax+by)^2$
$=(a^2x^2+a^2y^2+b^2x^2+b^2y^2)-(a^2x^2+2abxy+b^2y^2)$
$=a^2y^2+b^2x^2-2abxy$
$=(ay-bx)^2 \geqq 0$
よって　(左辺)$\geqq$(右辺)
（等号成立は$ay=bx$のとき）　　（証明終）

順番を区別するか、しないか

順列・組合せ

順列は「順番が大事」、組合せは「順番の区別がない」と考えます。これを料理のレシピで考えましょう。料理の材料は「どんな順番で記されていてもよい」ので「組合せ」、料理の作り方は「順番が大事」なので「順列」です。

順列

順列とは、いくつかの異なるものを一列に並べるときの並べ方です。順列では「並ぶ順番が異なれば違う並べ方になる」と考えます。異なる n 個のものから k 個取り出して一列に並べるときの順列の総数（並べ方の数）を ${}_n\mathrm{P}_k$（エヌピーケー）と表します。

公式

$${}_n\mathrm{P}_k=\frac{n!}{(n-k)!}\qquad(k\leqq n)$$

$n!$（nの階乗）$=n\times(n-1)\times\cdots\cdots\times2\times1$

$0!=1$

［順列のイメージ］

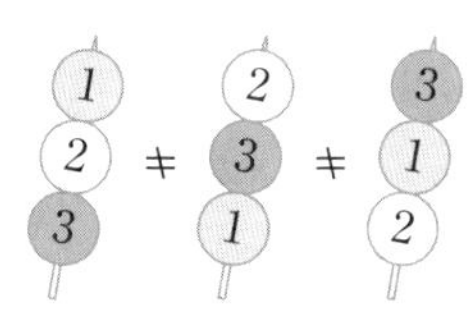

順番が異なれば違う並べ方になる

【例】［1、2、3、4、5］の5枚のカードから3枚選んで3桁の数を作るとき、何通りの数ができるでしょうか？

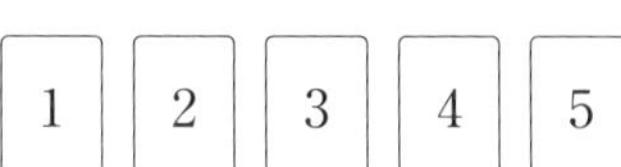

3枚選んで3桁の数を作る

1 2 3

1 3 2

カードの並び方が変われば違う数になる

$${}_5\mathrm{P}_3=\frac{5!}{(5-3)!}$$

$$=\frac{5\times4\times3\cancel{\times2\times1}}{\cancel{2\times1}}$$

$$=60$$

答え　60通り

組合せ

いくつかの異なるものを、順序を考えずに取り出すときの選び方のことを組合せといいます。組合せは「取り出すときの順番が異なっても同じ取り出し方である」と考えます。異なる n 個のものから k 個取り出すときの組合せの総数（選び方の数）を ${}_nC_k$（エヌシーケー）と表します。

公式

$$ {}_nC_k = \frac{{}_nP_k}{k!} = \frac{n!}{k!(n-k)!} \quad (k \leqq n) $$

［組合せのイメージ］

選ぶ順番が異なっても同じ取り出し方になる

【例】 9人を3人ずつ、3つの部屋に分ける組合せは何通りでしょうか？

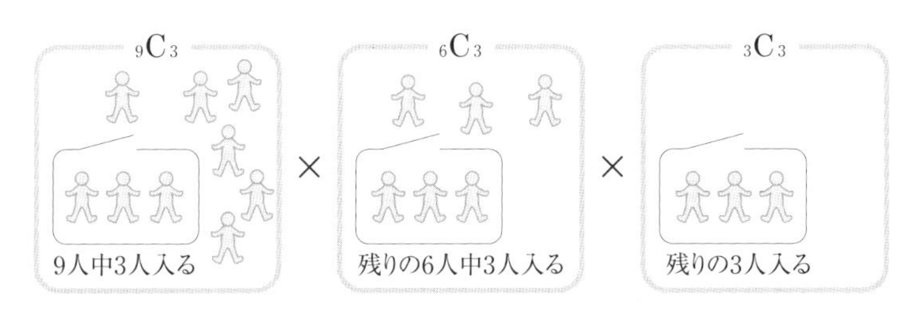

$$ {}_9C_3 \times {}_6C_3 \times {}_3C_3 = \frac{9!}{3!(9-3)!} \times \frac{6!}{3!(6-3)!} \times \frac{3!}{3!(3-3)!} $$

$$ = \frac{9! \cancel{\times 6! \times 3!}}{\cancel{(3! \times 6!) \times} (3! \times 3!) \times (3! \times 0!)} $$

$$ = \frac{9!}{3! \times 3! \times 3!} $$

$0! = 1$

$$ = \frac{9 \times 8 \times 7 \cancel{\times 6} \times 5 \times 4 \cancel{\times 3 \times 2 \times 1}}{(3 \times 2 \cancel{\times 1) \times (3 \times 2 \times 1) \times (3 \times 2 \times 1)}} $$

$$ = 1680 $$

答え　1680通り

- 順列は並べ方（並ぶ順番が異なれば違う並べ方）
- 組合せは選び方（取り出す順番が異なっても同じ取り出し方）

復習ドリル

タイム　分　秒　　合計　／100点

基本問題 ヒントを参考に次の値を求めましょう。
（目標 2分／各10点）

① ${}_4\mathrm{P}_2$

$= \dfrac{4!}{(4-2)!}$

② ${}_6\mathrm{P}_3$

$= \dfrac{6!}{(\square-3)!}$

③ ${}_5\mathrm{P}_3$

$= \dfrac{\square!}{(5-\square)!}$

④ ${}_7\mathrm{C}_3$

$= \dfrac{7!}{\square!(\square-3)!}$

⑤ ${}_5\mathrm{C}_2$

$= \dfrac{\square!}{2!(\square-2)!}$

⑥ ${}_6\mathrm{C}_4$

$= \dfrac{6!}{\square!(6-\square)!}$

応用問題 順列の総数または組合せの総数を求めましょう。

（目標 3分／各20点）

① [1、2、3、4、5、6、7]の7枚のカードから4枚選んで4桁の数を作るとき、何通りの数ができるでしょうか？

② 男の子5人、女の子7人の中から、それぞれ2人ずつ計4人の委員を選ぶとき、選び方は何通りあるでしょうか？

解答

●基本問題

① $_4P_2=\frac{4!}{(4-2)!}=\frac{4\times3\times\cancel{2\times1}}{\cancel{2\times1}}=12$

② $_6P_3=\frac{6!}{(6-3)!}=\frac{6\times5\times4\times\cancel{3\times2\times1}}{\cancel{3\times2\times1}}=120$

③ $_5P_3=\frac{5!}{(5-3)!}=\frac{5\times4\times3\times\cancel{2\times1}}{\cancel{2\times1}}=60$

④ $_7C_3=\frac{7!}{3!(7-3)!}=\frac{7\times\cancel{6}\times5\times\cancel{4\times3\times2\times1}}{\cancel{(3\times2\times1)}\times\cancel{(4\times3\times2\times1)}}=35$

⑤ $_5C_2=\frac{5!}{2!(5-2)!}=\frac{5\times4\times\cancel{3\times2\times1}}{(2\times1)\times\cancel{(3\times2\times1)}}=10$

⑥ $_6C_4=\frac{6!}{4!(6-4)!}=\frac{6\times5\times\cancel{4\times3\times2\times1}}{\cancel{(4\times3\times2\times1)}\times(2\times1)}=15$

●応用問題

① $_7P_4=\frac{7!}{(7-4)!}=\frac{7\times6\times5\times4\times\cancel{3\times2\times1}}{\cancel{3\times2\times1}}=840$（通り）

② 男の子の選び方は $_5C_2=\frac{5!}{2!(5-2)!}=10$（通り）

女の子の選び方は $_7C_2=\frac{7!}{2!(7-2)!}=21$（通り）

よって　$10\times21=210$（通り）

高校 順列・組合せ

高校の数学
28日目

「あることがら」が起こる可能性

確率

確率は 0 以上 1 以下の間の数で表され、「確率 0 のときは起こらない」「確率 1 のときは 100%起こる」という意味です。確率は「順列・組合せ」を使って計算する場合もあります。疑問に思ったら、27 日目に戻って復習しましょう。

確率の基本

確率は起こりうるすべての場合（全事象）の数と、あることがら（事象）が起こる場合の数の比と考えられます。

定義

全事象 U が起こる場合の数を $n(U)$、事象 A が起こる場合の数を $n(A)$ とすると、事象 A が起こる確率 $P(A)$ は…

$$P(A)=\frac{n(A)}{n(U)}$$

【例】 次の確率を求めましょう。

① サイコロ A と B を同時に投げるとき、出た目の和が 5 になる確率

2 つのサイコロの目の出方 $n(U)$ は $6\times6=36$（通り）ある。
このうち、目の和が 5 になる場合の数 $n(A)$ は右図の 4 通り。

ゆえに求める確率は $\frac{4}{36}=\frac{1}{9}$

答え $\frac{1}{9}$

	サイコロA		サイコロB
1と4	1	と	4
2と3	2	と	3
3と2	3	と	2
4と1	4	と	1

2 つのサイコロを区別して考える

② 3人でじゃんけんを1回するとき、1人だけ勝つ確率

3人のグー、チョキ、パーの出し方 $n(U)$ は $3^3 = 27$(通り)ある。
このうち1人だけ勝つ場合の数 $n(A)$ は、
誰が勝つかで3通り、どの手で勝つかで3通りあるので、
全部で $3 \times 3 = 9$(通り)ある。

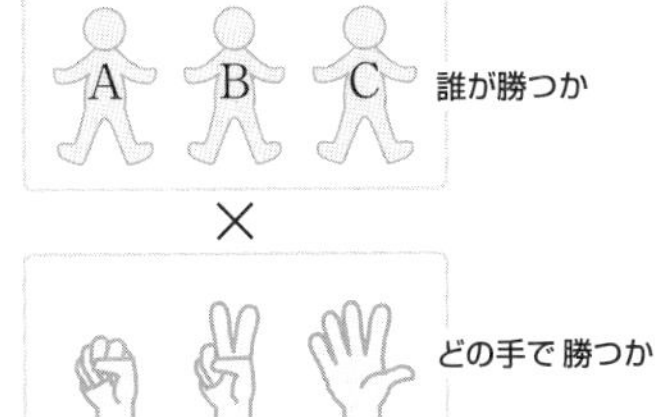

「誰が」「どの手」で
勝つかを考える

ゆえに求める確率は $\dfrac{9}{27} = \dfrac{1}{3}$

答え $\dfrac{1}{3}$

③ 赤球が3個、白球が5個入った袋から3個の球を同時に取り出すとき、3個とも白球である確率

8個から3個の球を取り出す場合の取り出し方 $n(U)$ は

$$
{}_8C_3 = \frac{8!}{3!(8-3)!} = \frac{8 \times 7 \cancel{\times 6 \times 5 \times 4 \times 3 \times 2 \times 1}}{\cancel{(3 \times 2 \times 1) \times (5 \times 4 \times 3 \times 2 \times 1)}} = 56 \text{(通り)}
$$

このうち白球を3個取り出す場合の取り出し方 $n(A)$ は

$$
{}_5C_3 = \frac{5!}{3!(5-3)!} = \frac{5 \times 4 \cancel{\times 3 \times 2 \times 1}}{\cancel{(3 \times 2 \times 1) \times}(2 \times 1)} = 10 \text{(通り)}
$$

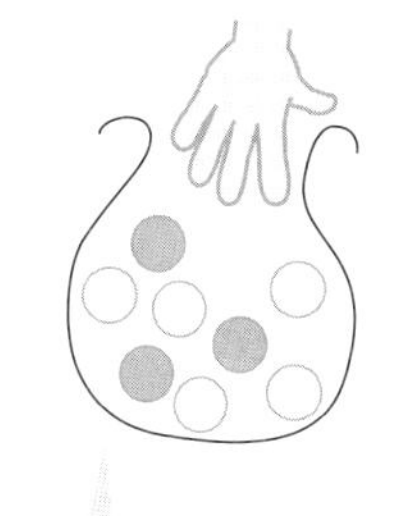

取り出し方を求めるとき
は組合せを使う

ゆえに求める確率は $\dfrac{10}{56} = \dfrac{5}{28}$

答え $\dfrac{5}{28}$

● **確率は全事象が起こる場合の数と、事象が起こる場合の数を使って求める**

復習ドリル

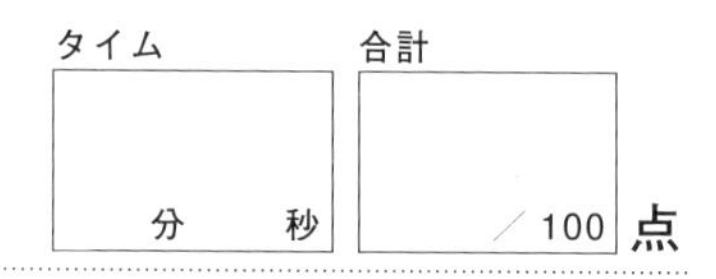

基本問題 ヒントを参考に、確率を求めましょう。
（目標 3分／各 30 点）

① 赤球が3個､白球が4個入った袋から3個を同時に取り出すとき、1個が赤球で2個が白球である確率

7個から3個の球を取り出す場合の取り出し方$n(U)$は

$${}_7C_3=\frac{\square!}{3!(7-\square)!}$$

このうち赤球を1個､白球を2個取り出す場合の取り出し方$n(A)$は

$${}_3C_1\times{}_4C_2=\frac{\square!}{1!(\square-1)!}\times\frac{4!}{\square!(4-\square)!}$$

ゆえに求める確率は $\frac{n(A)}{n(U)}=$

② 赤球が4個､白球が6個入った袋から3個を同時に取り出すとき、3個とも白球である確率

10個から3個の球を取り出す場合の取り出し方$n(U)$は

$${}_{10}C_3=\frac{10!}{\square!(10-\square)!}$$

このうち白球を3個取り出す場合の取り出し方$n(A)$は

$${}_6C_3=\frac{6!}{3!(\square-\square)!}$$

ゆえに求める確率は $\frac{n(A)}{n(U)}=$

応用問題 サイコロA、Bを同時に投げるとき、出た目の和が6になる確率を求めましょう。
（目標 2分／40点）

解　答

●基本問題

① 7個から3個の球を取り出す場合の取り出し方 $n(U)$ は

$${}_7C_3 = \frac{7!}{3!(7-3)!} = 35(\text{通り})$$

このうち赤球を1個、白球を2個取り出す場合の取り出し方 $n(A)$ は

$${}_3C_1 \times {}_4C_2 = \frac{3!}{1!(3-1)!} \times \frac{4!}{2!(4-2)!} = 18(\text{通り})$$

ゆえに求める確率は $\frac{n(A)}{n(U)} = \frac{18}{35}$

② 10個から3個の球を取り出す場合の取り出し方 $n(U)$ は

$${}_{10}C_3 = \frac{10!}{3!(10-3)!} = 120(\text{通り})$$

このうち白球を3個取り出す場合の取り出し方 $n(A)$ は

$${}_6C_3 = \frac{6!}{3!(6-3)!} = 20(\text{通り})$$

ゆえに求める確率は $\frac{n(A)}{n(U)} = \frac{20}{120} = \frac{1}{6}$

●応用問題

2つのサイコロの目の出方は6×6＝36（通り）

このうち目の和が6になる場合は右の5通り

ゆえに求める確率は $\frac{5}{36}$

A	1	2	3	4	5
B	5	4	3	2	1

高校の数学

29日目

曲線は直線でできている
微分

ポイントは「曲線は直線でできている」と考えることです。①曲線上の2点A、Bを通る直線が求められる→②点Bを点Aに近づけていくと、2点A、Bを通る直線は点Aの接線になる→③点Aの接線を求めること＝微分です。

微分の基本

微分係数と導関数を用いて、「微分する」ということを順を追って理解しましょう。

微分係数

曲線 $y=f(x)$ 上のある2点 $A(x_1、f(x_1))$、$B(x_2、f(x_2))$ を通る直線を考えると、2点A、Bを通る直線の傾きは次のようになります。

$$直線ABの傾き= \frac{f(x_2)-f(x_1)}{x_2-x_1}$$

点Bを曲線に沿って限りなく点Aに近づけていくと、直線ABの傾きは点Aにおける接線の傾きと等しくなります。「x_2 を限りなく x_1 に近づける」ことを $\lim_{x_2 \to x_1}$（リミット x_2、x_1）を使って表します。
点Aにおける接線の傾きを $f'(x_1)$ とすると

$$f'(x_1)=\lim_{x_2 \to x_1}\frac{f(x_2)-f(x_1)}{x_2-x_1}$$

$f'(x_1)$ のことを $x=x_1$ における微分係数といいます。

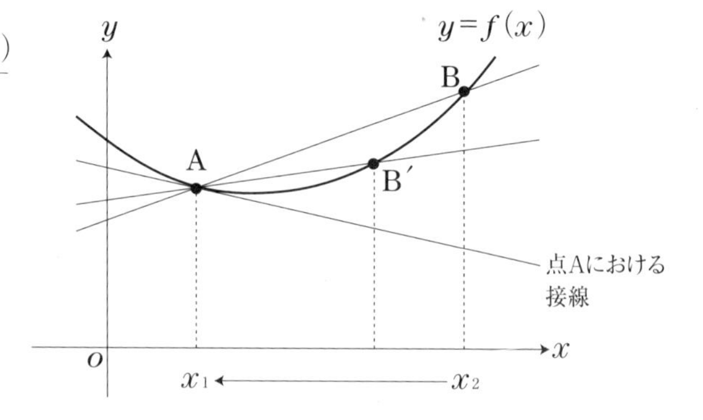

導関数(微分)

ある点 A(x_1、$f(x_1)$)を、曲線 $y=f(x)$ 上のすべての点を表す(x、$f(x)$)に置き換えます。$f'(x)$ の値は x の値によって変わるので、x の関数といえます。
$f'(x)$ を $f(x)$の導関数(=微分)といい、$f'(x)$、y'、$\dfrac{df(x)}{dx}$、$\dfrac{dy}{dx}$ で表します。

$$f'(x)=\lim_{x_2 \to x}\frac{f(x_2)-f(x)}{x_2-x}$$

導関数 $f'(x)$を求めることを「$f(x)$を x について微分する」といいます。

微分法の公式

1. $(x^n)'=nx^{n-1}$ (nは正の整数)
   $(C)'=0$ (Cは定数)
2. $\{f(x)+g(x)\}'=f'(x)+g'(x)$
   $\{f(x)-g(x)\}'=f'(x)-g'(x)$
3. $\{kf(x)\}'=kf'(x)$ (kは定数)
4. $\{f(x)g(x)\}'=f'(x)g(x)+f(x)g'(x)$
5. $[\{f(x)\}^n]'=n\{f(x)\}^{n-1}f'(x)$ (nは正の整数)

【例】次の関数を微分しましょう。

① $y=x^3-4x^2+5x$

$x^0=1$

$y'=3x^{3-1}-2\times4x^{2-1}+5x^{1-1}$
$=3x^2-8x+5$

答え $y'=3x^2-8x+5$

② $y=(x^3+x^2)^4$

公式5を使う

$y'=4(x^3+x^2)^{4-1}(x^3+x^2)'$
$=4(x^3+x^2)^3(3x^{3-1}+2x^{2-1})$
$=4(x^3+x^2)^3(3x^2+2x)$

答え $y'=4(x^3+x^2)^3(3x^2+2x)$

- 微分とは接線の傾きを求めること
- 微分すると次数が1減る

高校 微分

29日目 微分　　日付　　月　　日（　）

タイム　　分　　秒　　合計　　／100 点

基本問題 ヒントを参考に、次の関数を微分しましょう。
（目標 3 分／各 10 点）

① $y = -5x + 3$

② $y = 2x^2 - 5x + 3$

$y' = \square \times 2x - 5$

③ $y = -x^4 + 7x^3 + 2x + 9$

$y' = -\square x^{4-1} + \square \times 7x^{3-1} + 2$

④ $y = x^6 + 3x^3 + 7x + 8$

$y' = \square \times x^{6-1} + \square \times 3x^{3-1} + 7$

⑤ $y = \frac{1}{2}(x^2 - 8x + 1)$

$y' = \frac{1}{2}(\square \times x - 8)$

⑥ $y = (x^3 - 1)^4$

$y' = \square (x^3 - 1)^{4-1}(x^3 - 1)'$

応用問題 次の関数を微分しましょう。
（目標 2分／各10点）

① $y=\frac{1}{4}x^6+\frac{5}{6}x^3-\frac{1}{3}x^2$　② $y=(x+1)(x^2+5)$

③ $y=(x^2+x+2)(2x-1)$　④ $y=(x^2+x+1)^3$

高校
微分

解　答

●基本問題

① $y'=-5$

② $y'=2\times 2x-5$
$=4x-5$

③ $y'=-4x^{4-1}+3\times 7x^{3-1}+2$
$=-4x^3+21x^2+2$

④ $y'=6x^{6-1}+3\times 3x^{3-1}+7$
$=6x^5+9x^2+7$

⑤ $y'=\frac{1}{2}(2\times x-8)$
$=x-4$

⑥ $y'=4(x^3-1)^{4-1}(3x^2)'$
$=12x^2(x^3-1)^3$

●応用問題

① $y'=\frac{6}{4}x^5+\frac{3\times 5}{6}x^2-\frac{2}{3}x$
$=\frac{3}{2}x^5+\frac{5}{2}x^2-\frac{2}{3}x$

② $y'=(x+1)'(x^2+5)+(x+1)(x^2+5)'$
$=(x^2+5)+(x+1)\times 2x$
$=(x^2+5)+(2x^2+2x)$
$=3x^2+2x+5$

③ $y'=(x^2+x+2)'(2x-1)+(x^2+x+2)(2x-1)'$
$=(2x+1)(2x-1)+2(x^2+x+2)$
$=(4x^2-1)+(2x^2+2x+4)$
$=6x^2+2x+3$

④ $y'=3(x^2+x+1)^{3-1}(x^2+x+1)'$
$=3(x^2+x+1)^2(2x+1)$

高校の数学

30

日目

微分とセットで理解しよう

積分

積分とは「刻々と変化するものを合計した量」のことです。車で考えてみましょう。x 軸を時間、y 軸を速度としたとき、走行距離は積分で求められます。グラフでは塗られた部分の面積が、走行距離の値となります。

積分の基本

積分とは「微分すると $f(x)$ になる関数を求めること」です。積分には不定積分と定積分があります。

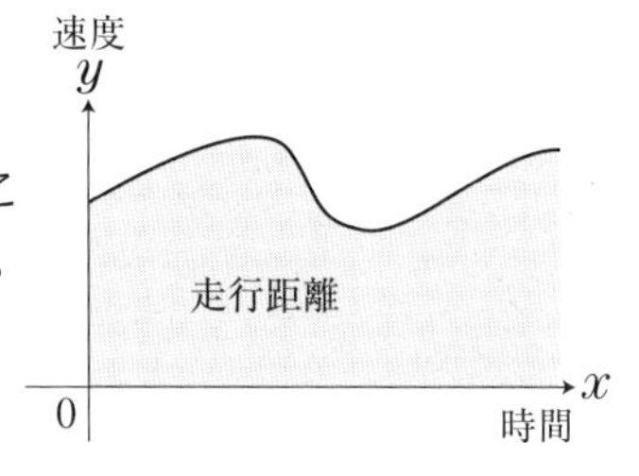

不定積分

ある関数 $F(x)$ を微分すると $f(x)$ になるとします。このとき $F(x)$ を $f(x)$ の不定積分といいます。

$$F'(x)=f(x)$$

微分法の公式 1(p127 参照)より、**定数 C を微分すると 0 になります。**
この定数 C のことを**積分定数**といいます。

$$(F(x)+C)'=f(x) \quad (C\text{は積分定数})$$

不定積分を $\int$（インテグラル）を使って表すと以下のようになります。

$$\int f(x)\,dx=F(x)+C \quad (C\text{は積分定数})$$

積分は微分の逆の計算

積分する

$$\int x^3\,dx=\frac{1}{4}x^4+C \quad (C\text{は積分定数})$$

微分する

不定積分の公式

1. $\displaystyle\int x^n dx = \frac{x^{n+1}}{n+1} + C$ $\left(\begin{array}{l} n\text{は正の整数、} \\ C\text{は積分定数} \end{array}\right)$

2. $\displaystyle\int (ax+b)^n dx = \frac{1}{a} \cdot \frac{(ax+b)^{n+1}}{n+1} + C$ $\left(\begin{array}{l} a \neq 0\text{、} \\ C\text{は積分定数} \end{array}\right)$

3. $\displaystyle\int kf(x)\,dx = k\int f(x)\,dx$ （kは定数）

4. $\displaystyle\int \{f(x) \pm g(x)\}\,dx = \int f(x)\,dx \pm \int g(x)\,dx$

定積分

a から b まで積分することを定積分といい、$\int_a^b$（インテグラル a から b まで）を使って表します。定積分は不定積分と計算のしかたは同じですが、積分定数 C は省きます。

定積分の公式

$\displaystyle\int f(x)\,dx = F(x)$ とするとき

$$\int_a^b f(x)\,dx = \Big[F(x)\Big]_a^b = F(b) - F(a)$$

【例】 ①は不定積分、②は定積分を求めましょう。

① $\displaystyle\int (6x^2+1)\,dx$

$$\int (6x^2+1)\,dx = \frac{6x^{2+1}}{2+1} + \frac{x}{1} + C$$

$$= 2x^3 + x + C$$

答え　$2x^3 + x + C$ （Cは積分定数）

② $\displaystyle\int_{-1}^{2} x^3 dx$

$$\int_{-1}^{2} x^3 dx = \left[\frac{x^{3+1}}{3+1}\right]_{-1}^{2} = \left[\frac{x^4}{4}\right]_{-1}^{2}$$

$$= \frac{2^4}{4} - \frac{(-1)^4}{4}$$

$$= \frac{15}{4}$$

答え　$\dfrac{15}{4}$

- **積分は微分の逆の計算である**
- **不定積分を求めるときは積分定数 C を忘れずに**

高校　積分

30日目 積分　日付　月　日（　）

復習ドリル

タイム　分　秒　合計　／100点

基本問題 ヒントを参考に不定積分を求めましょう。積分定数は C とします。
（目標 3分／各10点）

① $\displaystyle\int 7\,dx$

② $\displaystyle\int (4x+3)\,dx$

$= \dfrac{4}{\square+\square}x^{1+1}+3x+C$

③ $\displaystyle\int (6x^2+3x+1)\,dx$

$= \dfrac{6}{\square+\square}x^{2+1}+\dfrac{3}{\square+\square}x^{1+1}+x+C$

④ $\displaystyle\int 3x^2\,dx$

$= \dfrac{3}{\square+\square}x^{2+1}+C$

⑤ $\displaystyle\int (2x^3+3x+4)\,dx$

$= \dfrac{2}{\square+\square}x^{3+1}+\dfrac{3}{\square+\square}x^{1+1}+4x+C$

⑥ $\displaystyle\int (x^3+2x^2+5)\,dx$

$= \dfrac{1}{\square+\square}x^{3+1}+\dfrac{2}{\square+\square}x^{2+1}+5x+C$

応用問題 定積分を求めましょう。

（目標 2 分／各 20 点）

① $\displaystyle\int_{-1}^{4} 2x\,dx$

② $\displaystyle\int_{-2}^{2} (2x^3-1)\,dx$

高校

積分

解　答

●基本問題

① $\displaystyle\int 7\,dx$

$= 7x + C$

② $\displaystyle\int (4x+3)\,dx$

$= \dfrac{4}{1+1}x^{1+1} + 3x + C$

$= 2x^2 + 3x + C$

③ $\displaystyle\int (6x^2+3x+1)\,dx$

$= \dfrac{6}{2+1}x^{2+1} + \dfrac{3}{1+1}x^{1+1} + x + C$

$= 2x^3 + \dfrac{3}{2}x^2 + x + C$

④ $\displaystyle\int 3x^2\,dx$

$= \dfrac{3}{2+1}x^{2+1} + C$

$= x^3 + C$

⑤ $\displaystyle\int (2x^3+3x+4)\,dx$

$= \dfrac{2}{3+1}x \quad + \dfrac{3}{1+1}x^{1+1} + 4x + C$

$= \dfrac{1}{2}x^4 + \dfrac{3}{2}x^2 + 4x + C$

⑥ $\displaystyle\int (x^3+2x^2+5)\,dx$

$= \dfrac{1}{3+1}x^{3+1} + \dfrac{2}{2+1}x^{2+1} + 5x + C$

$= \dfrac{1}{4}x^4 + \dfrac{2}{3}x^3 + 5x + C$

●応用問題

① $\displaystyle\int_{-1}^{4} 2x\,dx$

$= \Big[\,x^2\,\Big]_{-1}^{4}$

$= 15$

② $\displaystyle\int_{-2}^{2} (2x^3-1)\,dx$

$= \left[\dfrac{2}{4}x^4 - x\right]_{-2}^{2}$

$= -4$

和算にチャレンジ！

江戸時代、日本では独自の数学が発展しました。これを和算と呼びます。江戸時代のベストセラー『塵劫記』（吉田光由著）という数学書に載っているねずみ算を解いてみましょう。

問 ねずみの夫婦が正月に子を12匹産み、親子で14匹になりました。2月になると、ねずみは親子ともに12匹ずつ子を産み、親・子・孫の数は合計で98匹になります。この規則に従って次々に12匹ずつ子を産んでゆくと、12月には合計で何匹になるでしょうか？

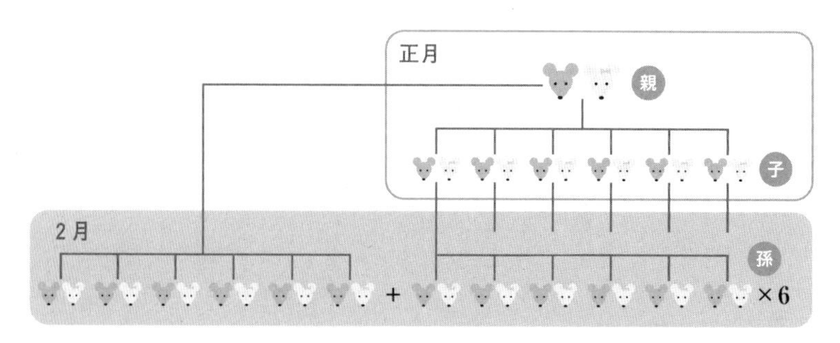

ヒント ねずみの数は等比数列で表すことができます。
1組の夫婦が6組の夫婦を産むと考えると…

	親の数		子の数＝2×子夫婦6組		正月の合計
正月	2	＋	2×6	＝	2×7＝14

	正月の合計		孫の数＝2×（親夫婦1組＋子夫婦6組）×孫夫婦6組		2月の合計
2月	2×7	＋	2 × （1＋6） × 6	＝	$2\times7^2=98$

解答 276億8257万4402匹

n月のねずみの合計は、初項14、公比7の等比数列で表すことができるので

$a_n = 14 \times 7^{n-1} = 2 \times 7^n$　となります。

よって12月のねずみの数の合計は

$a_{12} = 2 \times 7^{12}$

$\quad = 2 \times 7 \times 7 \times 7 \times 7 \times 7 \times 7 \times 7 \times 7 \times 7 \times 7 \times 7 \times 7$

という計算で求めることができます。

第 4 章

まとめテスト

小学校　まとめテスト

中学校　まとめテスト

高　校　まとめテスト

復習ドリル

タイム　分　秒　合計　／100 点

問題 1 計算をしましょう。

（目標 3分／各 10点）

① $\begin{array}{r} 47.93 \\ +\ 26.48 \\ \hline \end{array}$

② $\begin{array}{r} 3615 \\ -\ 1829 \\ \hline \end{array}$

③ $\begin{array}{r} 26.3 \\ \times\ 0.48 \\ \hline \end{array}$

④ $7.4 \overline{)\ 34.12}$

⑤ $\left(\frac{5}{8}+\frac{1}{6}\right)\times\frac{3}{7}$

⑥ $\frac{3}{4}-\frac{1}{6}\times\frac{3}{14}$

問題 2　面積や体積を求め、(　)の中の単位で表しましょう。
(目標2分／各10点)

① 扇形（cm^2）

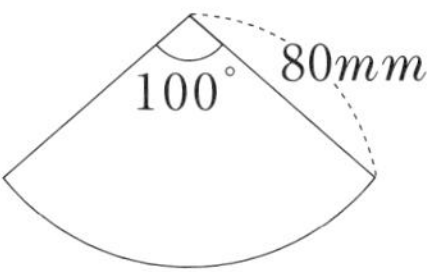

② 台形（m^2）

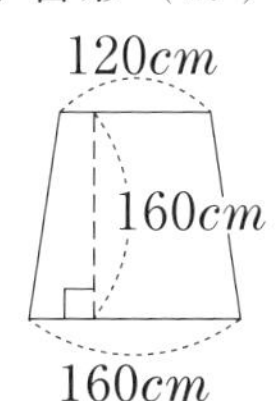

③ 球（cm^3）

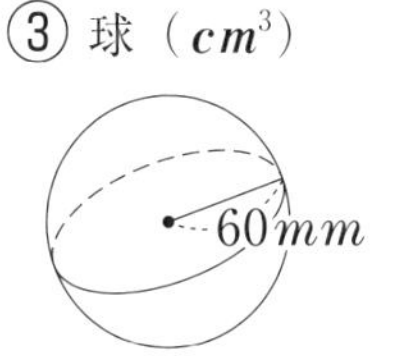

④ 三角すい（cm^3）

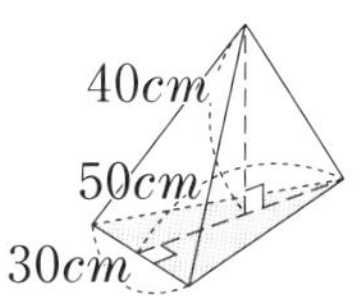

解答

●問題 1

①
$$\begin{array}{r} 47.93 \\ +\ 26.48 \\ \hline 74.41 \end{array}$$

②
$$\begin{array}{r} 3615 \\ -\ 1829 \\ \hline 1786 \end{array}$$

③
$$\begin{array}{r} 26.3 \\ \times\ 0.48 \\ \hline 2104 \\ 1052 \\ \hline 12.624 \end{array}$$

④
$$\begin{array}{r} 4.6 \\ 7.4\,\overline{)\,34.1.2} \\ 296 \\ \hline 452 \\ 444 \\ \hline 0.08 \end{array}$$

⑤ $\left(\frac{5}{8}+\frac{1}{6}\right)\times\frac{3}{7}$

$=\frac{19}{24}\times\frac{3}{7}$

$=\frac{19}{56}$

⑥ $\frac{3}{4}-\frac{1}{6}\times\frac{3}{14}$

$=\frac{3}{4}-\frac{1}{28}$

$=\frac{5}{7}$

●問題 2

① (面積) $=\pi\times(80\times0.1)\times(80\times0.1)\times\frac{100^\circ}{360^\circ}$

$=\frac{160}{9}\pi$ (cm^2)

② (面積) $=\frac{1}{2}\times(1.2+1.6)\times1.6$

$=2.24$ (m^2)

③ (体積) $=\frac{4}{3}\times\pi\times(60\times0.1)\times(60\times0.1)\times(60\times0.1)$

$=288\pi$ (cm^3)

④ (体積) $=\frac{1}{3}\times\left(\frac{1}{2}\times30\times50\right)\times40$

$=10000$ (cm^3)

小学校　まとめテスト

復習ドリル

タイム　　分　　秒　　合計　　／100 点

問題 1 計算をしましょう。
（目標 3 分／各 10 点）

① $4-(-2)\times 5$

② $4a^2 \times 6ab^2 \div 3ab$

③ $x-6>4x+3$

④ $\begin{cases} 3x+2y=4 \cdots\cdots \boxed{1} \\ x-4y=6 \cdots\cdots \boxed{2} \end{cases}$

⑤ $\left(\sqrt{3}+\dfrac{1}{2\sqrt{3}}\right)\times\sqrt{6}$

⑥ $2x^2+9x-5=0$

問題 2　角度を求めましょう。
（目標 2分／各10点）

① 三角形

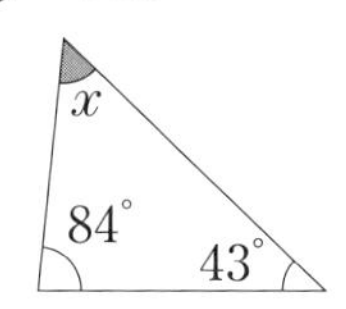

② 平行四辺形

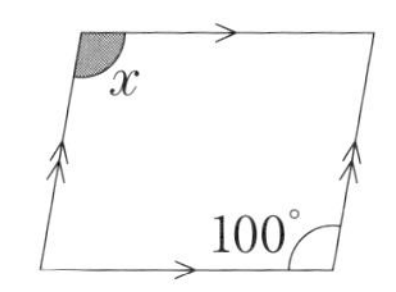

③

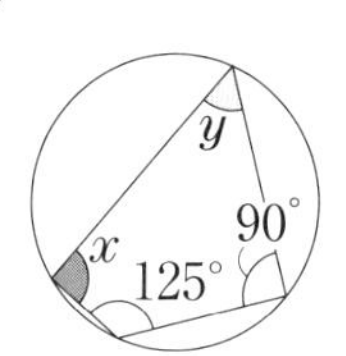

④

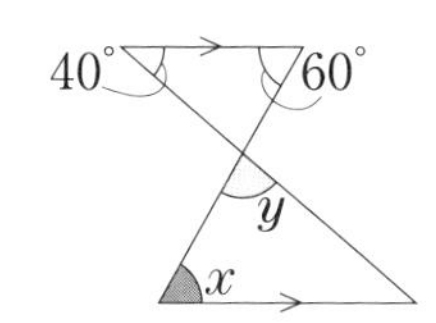

解　答

●問題 1

① $4-(-2)\times5$
$=4-(-10)$
$=4+10$
$=14$

② $4a^2\times6ab^2\div3ab$
$=\dfrac{4a^2\times6ab^2}{3ab}$
$=\boldsymbol{8a^2b}$

③ $x-6>4x+3$
$-3x>9$
$\boldsymbol{x<-3}$

④ $\begin{cases}3x+2y=4 \cdots\cdots \boxed{1}\\ x-4y=6 \cdots\cdots \boxed{2}\end{cases}$

$\boxed{1}\times2$　$6x+4y=8$
$\boxed{2}$　$+)\ x-4y=6$
$7x\quad=14$
$\boldsymbol{x=2}$
$\boxed{1}$に代入して
$6+2y=4$
$2y=-2$
$\boldsymbol{y=-1}$

⑤ $\left(\sqrt{3}+\dfrac{1}{2\sqrt{3}}\right)\times\sqrt{6}$
$=\left(\sqrt{3}+\dfrac{\sqrt{3}}{2\sqrt{3}\times\sqrt{3}}\right)\times\sqrt{6}$
$=\dfrac{7\sqrt{3}}{6}\times\sqrt{6}$
$=\dfrac{7\sqrt{2}}{2}$

⑥ $2x^2+9x-5=0$

2 ╲╱ −1
1 ╱╲ 5　） 9

$(2x-1)(x+5)=0$
$\boldsymbol{x=\dfrac{1}{2}}$、$\boldsymbol{-5}$

●問題 2

① $\angle\boldsymbol{x}=180^\circ-(43^\circ+84^\circ)$
$=53^\circ$

② $\angle\boldsymbol{x}=100^\circ$

③ $\angle\boldsymbol{x}=180^\circ-90^\circ$
$=90^\circ$
$\angle\boldsymbol{y}=180^\circ-125^\circ$
$=55^\circ$

④ $\angle\boldsymbol{x}=60^\circ$
$\angle\boldsymbol{y}=180^\circ-(60^\circ+40^\circ)$
$=80^\circ$

高校 まとめテスト　日付　　月　　日（　　）

復習ドリル

タイム　　分　　秒　　合計　　／100 点

問題 1 次の問題を解きましょう。

（目標 5 分／各 10 点）

① $(2-3i)\div(1-2i)$

② $2x^2-4x+1\leqq 0$

を満たす x の値を求めましょう。

③ $2+\log_2 6-\log_2 3$

④ 次の値を求めましょう。

$\sin 120^\circ =$

$\cos 120^\circ =$

$\tan 120^\circ =$

⑤ $y=\dfrac{1}{2}x^4-2x^2+5x+7$

を微分しましょう。

⑥ $y=\dfrac{1}{4}x^5-\dfrac{2}{3}x^3+\dfrac{1}{6}x^2+1$

を微分しましょう。

⑦ $$\int(2x^4-3x^2+1)dx$$
不定積分を求めましょう。

⑧ $$\int_{-1}^{2}(3x^2-4x+5)dx$$
定積分を求めましょう。

⑨ $(3\boldsymbol{x}+\boldsymbol{y})^3$を展開しましょう。

⑩ $(\boldsymbol{x}+2\boldsymbol{y})(\boldsymbol{x}^2-2\boldsymbol{x}\boldsymbol{y}+4\boldsymbol{y}^2)$
を展開しましょう。

解　答

●問題 1

① $(2-3i)\div(1-2i)$
$=\dfrac{(2-3i)(1+2i)}{(1-2i)(1+2i)}$
$=\dfrac{8}{5}+\dfrac{i}{5}$

② $x=\dfrac{-(-4)\pm\sqrt{(-4)^2-4\times2\times1}}{2\times2}$
$=\dfrac{2\pm\sqrt{2}}{2}$
$\dfrac{2-\sqrt{2}}{2}\leqq x\leqq\dfrac{2+\sqrt{2}}{2}$

③ $2+\log_2 6-\log_2 3$
$=\log_2(4\times6\div3)$
$=\log_2 8$
$=3$

④ $\sin120^\circ=\dfrac{\sqrt{3}}{2}$
$\cos120^\circ=-\dfrac{1}{2}$
$\tan120^\circ=-\sqrt{3}$

⑤ $y'=\dfrac{4}{2}x^{4-1}-2\times2x^{2-1}+5$
$=2x^3-4x+5$

⑥ $y'=\dfrac{5}{4}x^{5-1}-3\times\dfrac{2}{3}x^{3-1}+\dfrac{2}{6}x^{2-1}$
$=\dfrac{5}{4}x^4-2x^2+\dfrac{1}{3}x$

⑦ $\int(2x^4-3x^2+1)dx$
$=\dfrac{2}{4+1}x^{4+1}-\dfrac{3}{2+1}x^{2+1}+x+C$
$=\dfrac{2}{5}x^5-x^3+x+C$
(Cは積分定数)

⑧ $\int_{-1}^{2}(3x^2-4x+5)dx$
$=\Big[x^3-2x^2+5x\Big]_{-1}^{2}$
$=18$

⑨ $(3x+y)^3$
$=(3x)^3+3(3x)^2y+3(3x)y^2+y^3$
$=27x^3+27x^2y+9xy^2+y^3$

⑩ $(x+2y)(x^2-2xy+4y^2)$
$=x^3+(2y)^3$
$=x^3+8y^3$

高校 まとめテスト

目標は
80点以上、
5分以内！

成績一覧表

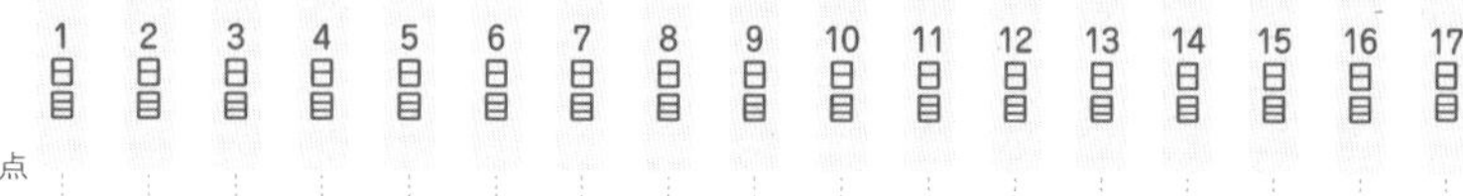

合計点

タイム

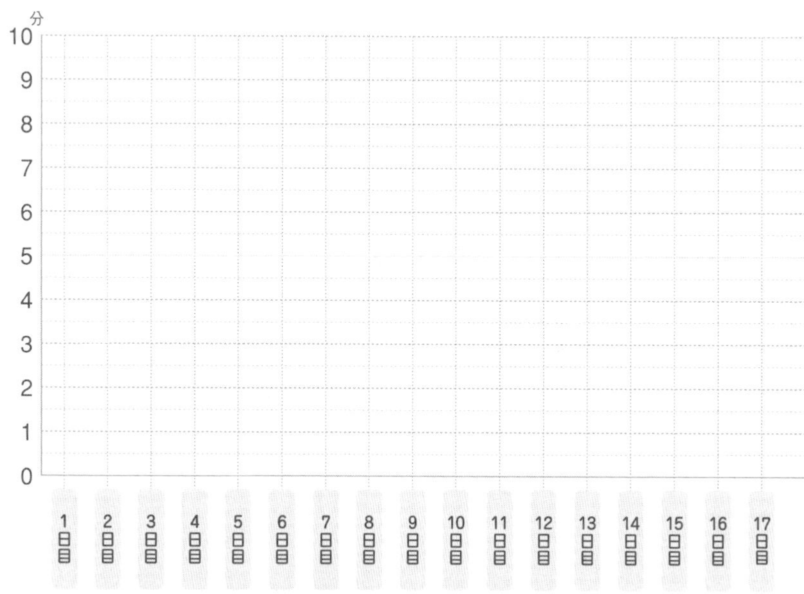

●記入の仕方

合計点

合計点を記入して前日の成績と線で結びます。

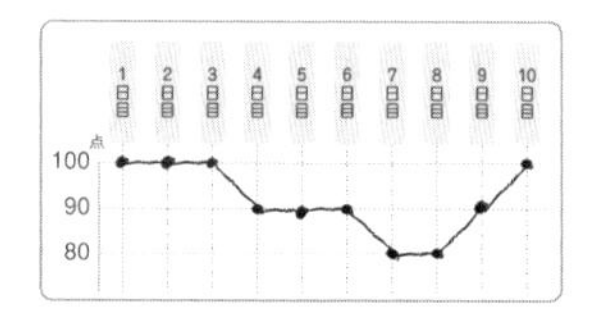

復習ドリルの成績をグラフにすると自分の弱点が分かります。
点数の低かった日や時間のかかった日は復習をしましょう。

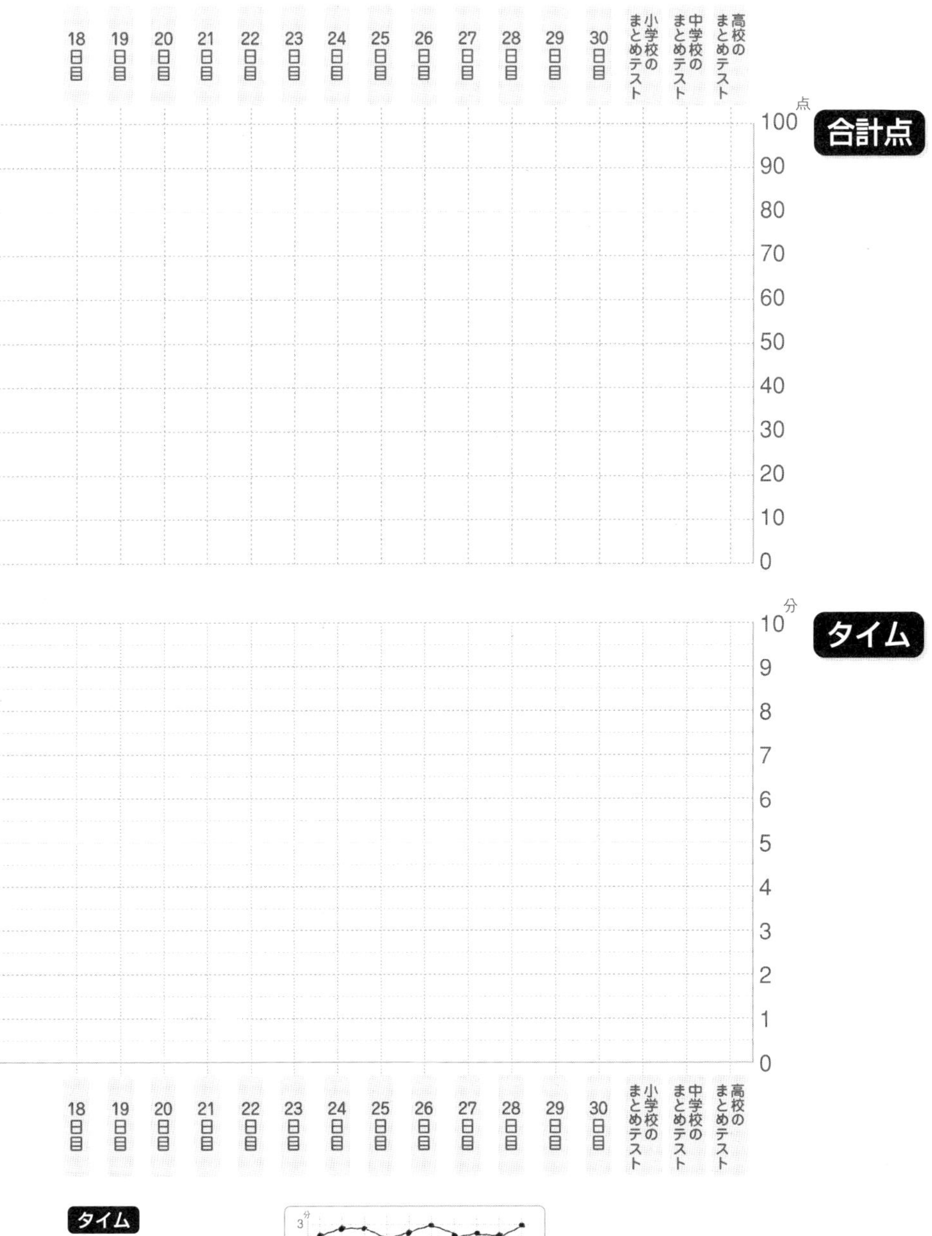

タイム

タイムを記入して前日のタイムと線で結びます。

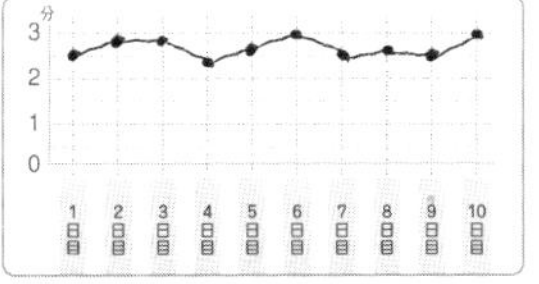

STAFF

カバーデザイン　深澤祐樹（Q.design）
イラスト　サトウナオミ
本文デザイン　村上森花（Q.design）
DTP　G.B. Design House

本書は2007年に小社より刊行した『オトナのための算数・数学やりなおしドリル』を加筆・修正したものです。

1日5分! オトナのための算数・数学やりなおしドリル

2024年3月13日　第1刷発行

著　者　桜井 進
発行人　関川 誠
発行所　株式会社宝島社
〒102-8388
東京都千代田区一番町25番地
営業 03-3234-4621
編集 03-3239-0928
https://tkj.jp
印刷・製本　サンケイ総合印刷株式会社

First published 2007 by Takarajimasha, Inc.
ISBN 978-4-299-05345-9